MANUELS-RORET

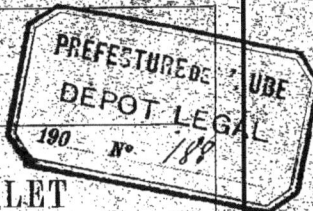

NOUVEAU MANUEL COMPLET

DE LA

CONSTRUCTION MODERNE

OU

TRAITÉ DE L'ART DE BATIR

AVEC SOLIDITÉ, ÉCONOMIE ET DURÉE

Par Athanase BATAILLE

ARCHITECTE, ANCIEN PROFESSEUR DE CONSTRUCTION ARCHITECTONIQUE A L'ÉCOLE
PROFESSIONNELLE DE MULHOUSE (HAUT-RHIN)

NOUVELLE ÉDITION

entièrement refondue

Par N. CHRYSSOCHOÏDÈS

INGÉNIEUR DES ARTS ET MANUFACTURES

CONTENANT

LES PRIX DE DÉBOURSÉS ET DE RÈGLEMENT DES TRAVAUX DU BATIMENT

ATLAS

PARIS

L. MULO, LIBRAIRE-ÉDITEUR

12, RUE HAUTEFEUILLE, VIᶜ

ENCYCLOPÉDIE-RORET

CONSTRUCTION

MODERNE

EXPLICATION DES PLANCHES CONTENUES DANS CET ATLAS

PLANCHES 1re. Construction des ordres d'architecture.

— 2. Matériaux employés dans la construction architectonique.

— 3. Idem.

— 4. Construction des piédestaux en
pierre.

— 5. Idem.

— 6. Construction des entablements
en pierre.

— 7. Construction des puits.

— 8. Constructions sur terrains mou-
vants et constructions dans
l'eau.

— 9. Construction des planchers en
bois et chaînage des murs.

— 10. Construction des planchers en
fer.

— 11. Construction des pans de bois.

— 12. Construction des combles en bois.

— 13. Construction des combles en fer.

— 14. Détails de différents motifs en menuiserie.

— 15. Construction des murs en ma-
çonnerie.

— 16. Construction des cheminées et
fourneaux.

— 17. Coupe des pierres, — plates-bandes.

— 18. Coupe des pierres, — arcs pleins-
cintre surbaissés et rampants.

— 19. Coupe des pierres, — voûtes.

— 20. Coupe des pierres, — appareils en
pierre pour murs de face.

— 21. Fers cornières employés dans le
bâtiment.

PLANCHES 22. Fers cornières employés dans le
bâtiment.

— 23. Fers pour montants ou petits bois.

— 24. Fers pour montants à moulures.

— 25. Fers dits à T.

— 26. Fers pour plates-bandes.

— 27. Idem.

— 28. Profils cotés des cinq ordres d'architecture.

— 29. Moulures, — impostes, — archivoltes.

— 30. Tracé de l'ordre pœstum et colonne rustique.

— 31. Profils de moulures du ve au
xvie siècle.

— 32. Plans de fondation et de fouille
d'une maison avec pan coupé.

— 33. Plan de caves et de sous-sol.

— 34. Plan de rez-de-chaussée et d'en-
tresol.

— 35. Plan des étages supérieurs.

— 36. Détails des planchers et plan des
combles.

— 37. Façade et coupe du mur de face.

— 38. Lambris et portes en menuiserie.

— 39. Pied à terre de campagne, — genre
rustique.

— 40. Plan d'ensemble d'une habitation
à la campagne.

— 41. Plan de cave, de cuisine et plan
du rez-de-chaussée d'une maison de campagne, genre suisse.

— 42. Élévation et coupe d'une maison
genre suisse.

— 43. Profils divers.

— 44. Idem.

MANUELS-RORET

NOUVEAU MANUEL COMPLET

DE LA

CONSTRUCTION MODERNE

ou

TRAITÉ DE L'ART DE BATIR

AVEC SOLIDITÉ, ÉCONOMIE ET DURÉE

Par Athanase BATAILLE

ARCHITECTE, ANCIEN PROFESSEUR DE CONSTRUCTION ARCHITECTONIQUE A L'ÉCOLE
PROFESSIONNELLE DE MULHOUSE (HAUT-RHIN)

NOUVELLE ÉDITION

entièrement refondue

Par N. CHRYSSOCHOÏDÈS

INGÉNIEUR DES ARTS ET MANUFACTURES

CONTENANT

LES PRIX DE DÉBOURSÉS ET DE RÈGLEMENT DES TRAVAUX DU BATIMENT

ATLAS

PARIS

ENCYCLOPÉDIE-RORET

L. MULO, LIBRAIRE-ÉDITEUR

12, RUE HAUTEFEUILLE, VIᵉ

—

1903

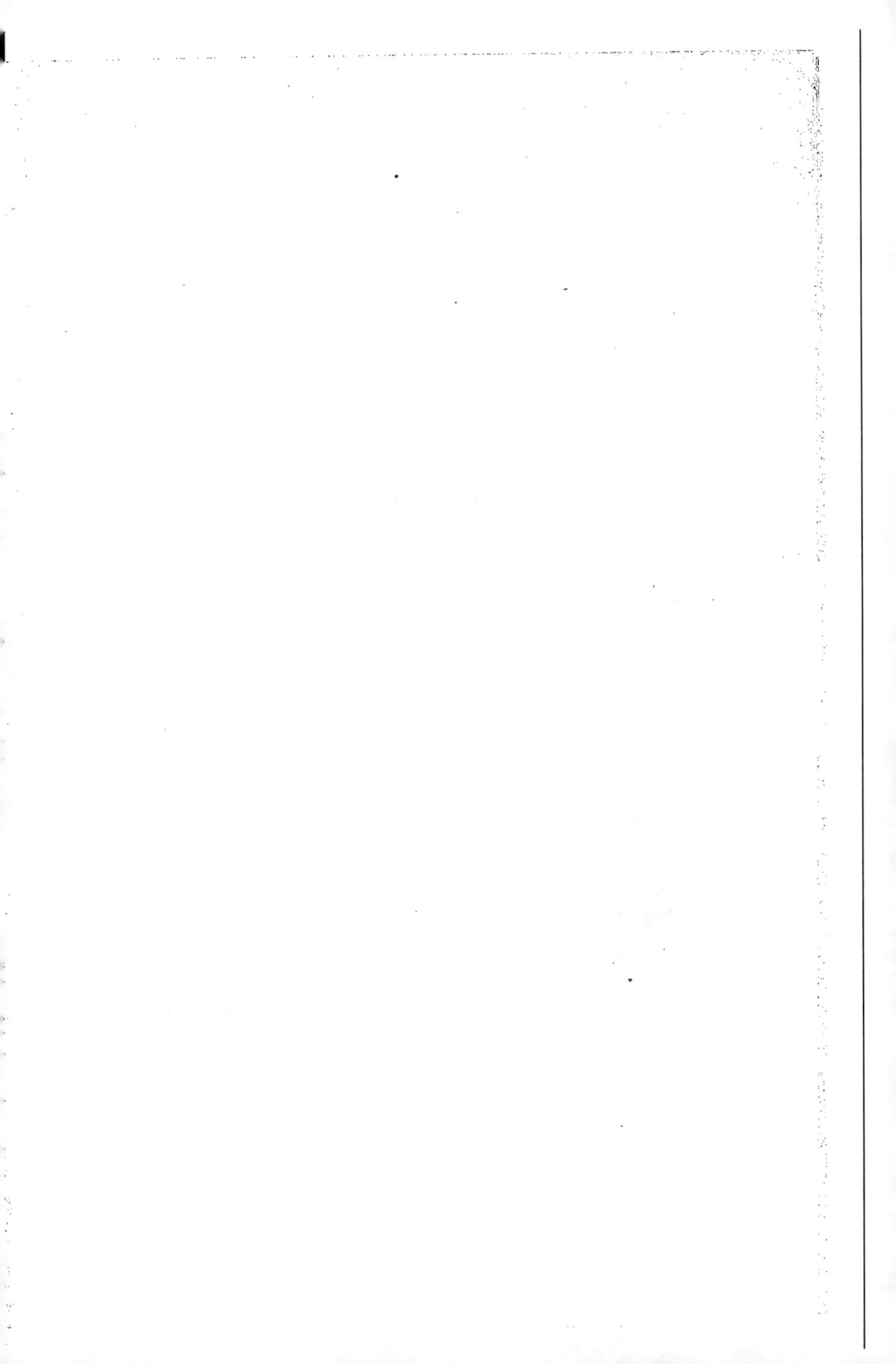

ÉLÉMENTS DES ÉDIFICES.

Fig. 2.

Profil avec épannelage.

Le trait plein indique le Profil à l'échelle.
Le trait pointillé indique la pierre épannelée.

Fig. 1.

ORDRE TOSCAN.

Détail N° 1.

Quart de rond
Baguette
Filet
Larmier
Filet
Talon
Frise
Listel
Architrave
Listel
Tailloir
Quart de rond
Filet
Gorgerin
Astragale
Filet d'Astragale
Fût
Corniche
Frise
Architrave
Chapiteau
Entablement
Hauteur des colonnes divisée en 14–16–18 ou 20 parties suivant l'Ordre à construire.
Ces divisions donnent le module de l'échelle.
B'
B
19
18
17
16
15
14
13
12

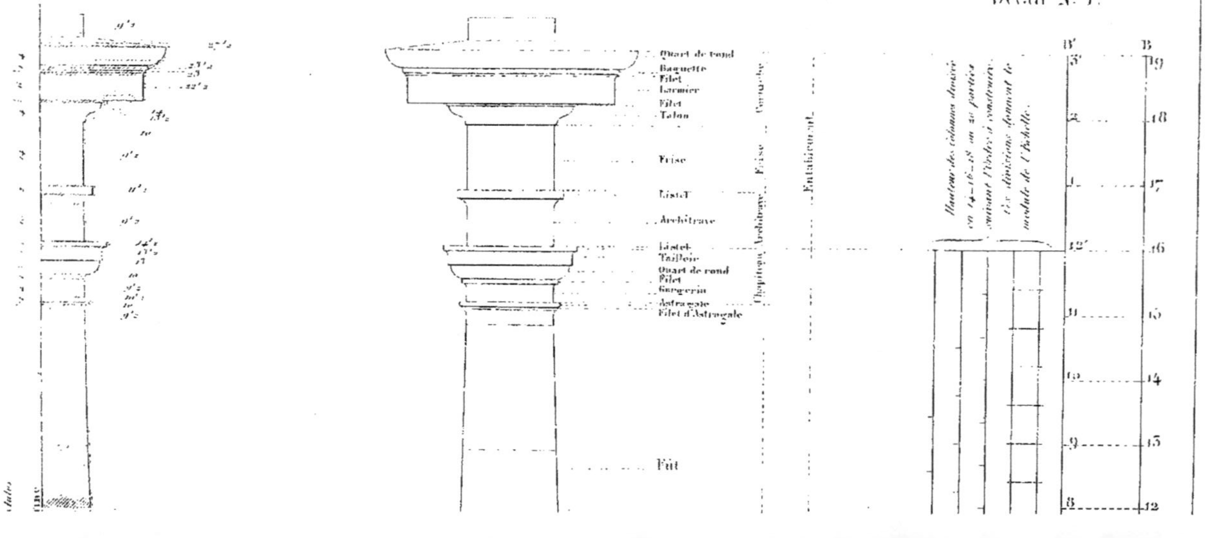

Pl. 1.

TOSCAN

DORIQUE

IONIQUE

CORINTHIEN et COMPOSITE

Colonne

Fût de la Colonne

Piédestal

Base

Dez

Socle

Filet
Tore
Socle
Listel
Talon
Corniche

Dez

Filet
Socle

Fût

Colonnes au 1/3 du Fût

Ligne de départ de la diminution des

Détail N.º 2

Lith. Thierville, arch. del.   Imp. Bovril, rue Hautefeuille, 12, à Paris.   Atelier...

Fig. 2.

Plan d'un mur avec indication

des Piles étrières.

Fig. 1.

Mur en moellons.

Vue perspective d'un m

à menager entre les

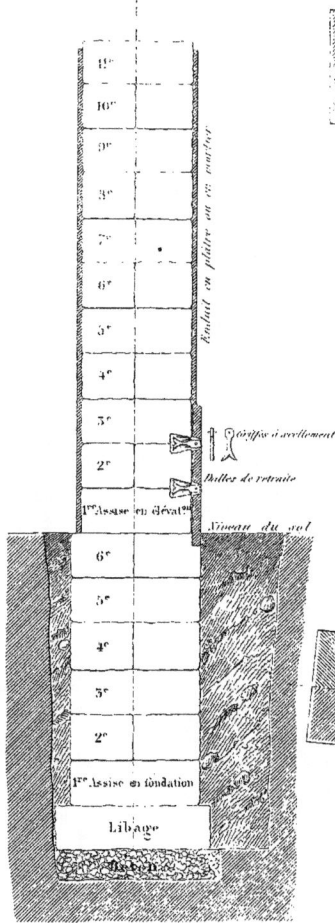

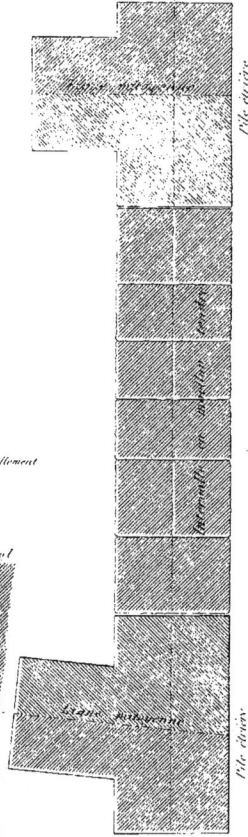

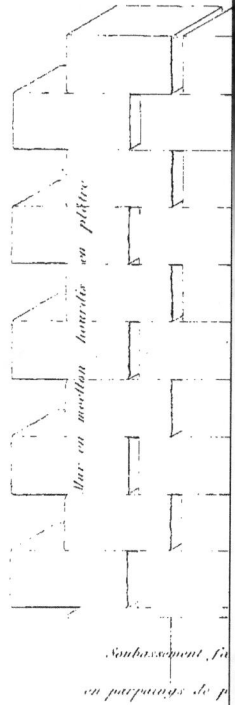

Ath.ᵉ Bataille, arch. 1838.

, 3.

e indication des intervalles

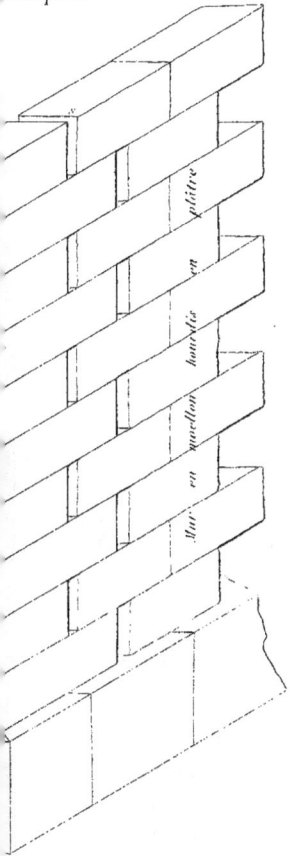

es en pierre

Fig. 4.

Carreau de Plâtre.

Mur en moellon hourdie en plâtre

Fig. 5.

Pan de Bois hourdi en Plâtre.

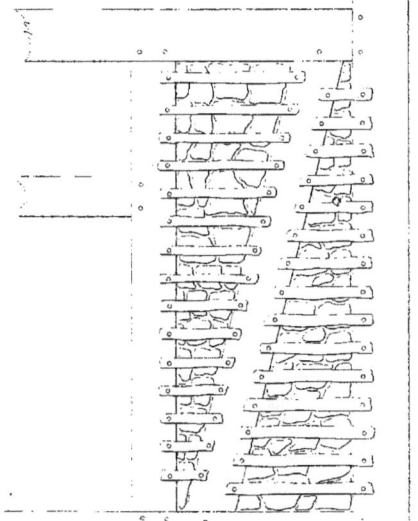

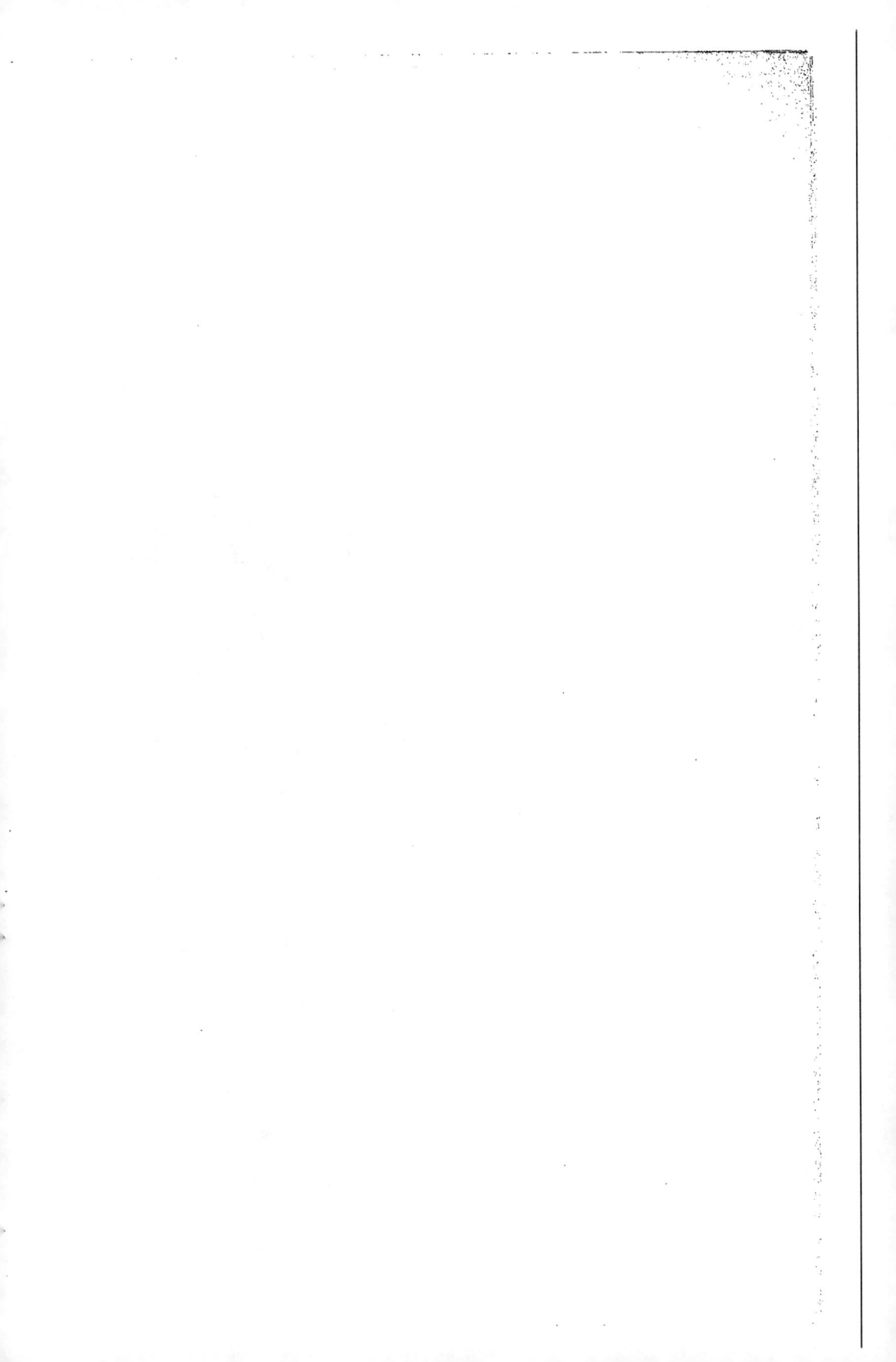

Fig. 7.

Briques posées de champ. Cloison de 0,06ᵐ d'épaisseur.

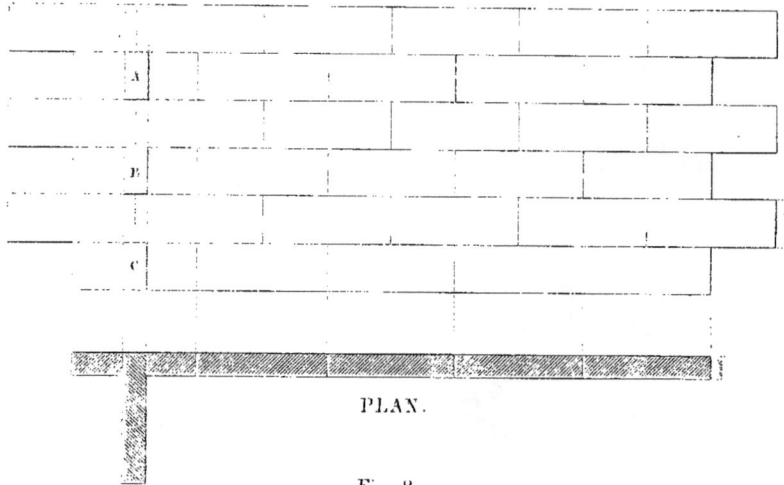

A

B

C

PLAN.

Fig. 8.

Briques posées à plat. Cloison de 0,08ᵐ d'épaisseur.

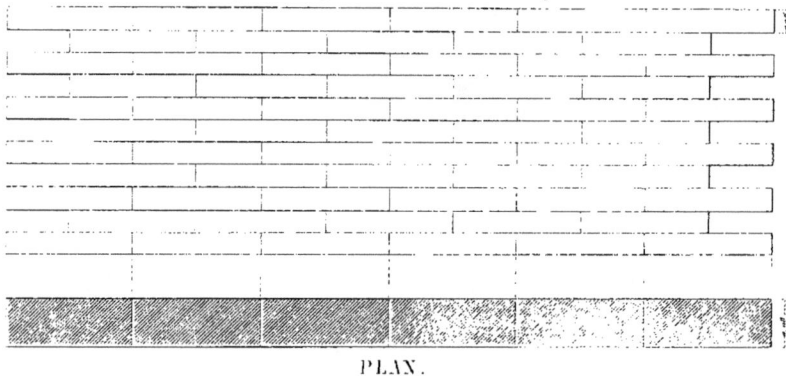

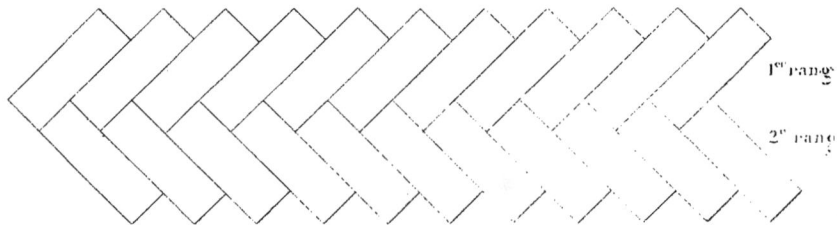

PLAN.

1ᵉʳ rang

2ᵉ rang

Fig. 9.   Briques posées en épis pour carrelage.

Fig. 10.
Arc en Briques posées à plat.

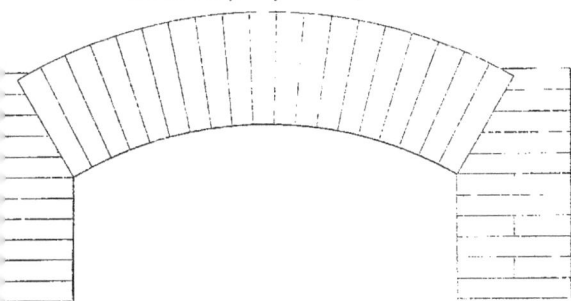

Fig. 12.
Carreau de 0,162ᵐⁱˡ pour carrelage.

Fig. 11.
Briques à plat pour carrelage.

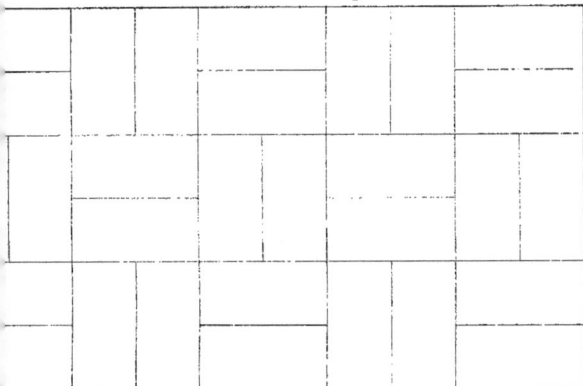

Fig. 13.
Carreau exagonal pour carrelage.

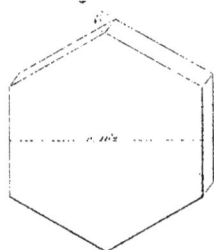

Fig. 14.   Briques de Mʳ Gourlier archᵗᵉ pour Cheminées encastrées dans les murs.

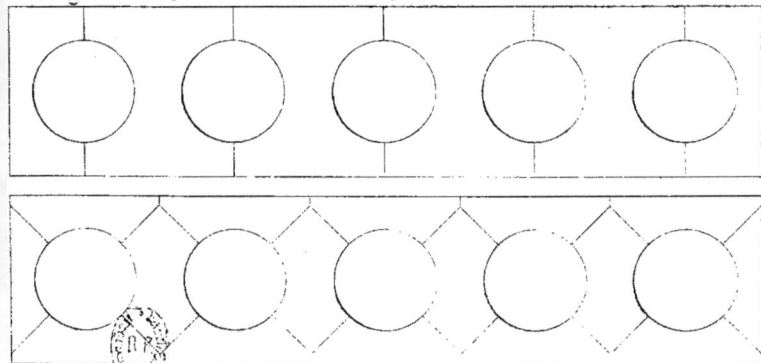

Marlier sc

CONSTRUCTION EN PIERRES.

La Construction moderne.

ORDRE TOSCAN.

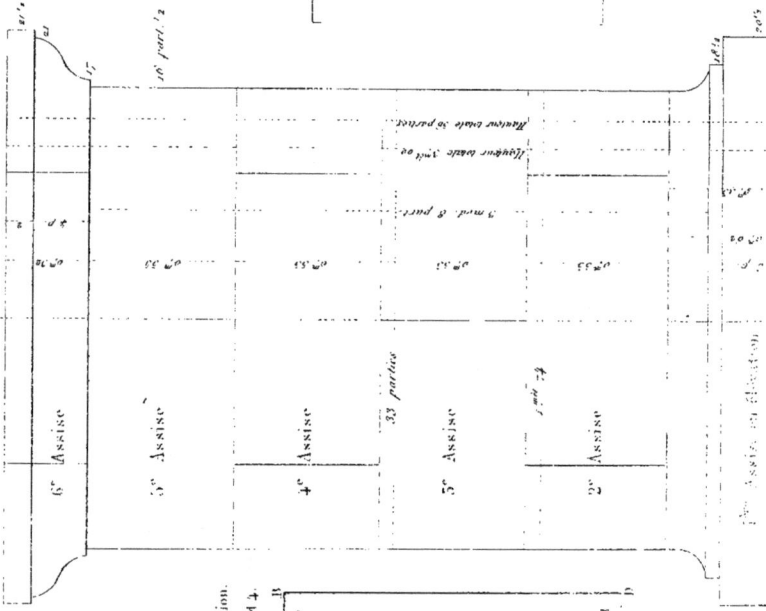

Fig. 1.

6ᵉ Assise

5ᵉ Assise

4ᵉ Assise

3ᵉ Assise

2ᵉ Assise

1ʳᵉ Assise en Elevation

Fig. 3.

Plan des Assises en fondation Nᵒˢ 1 et 3.

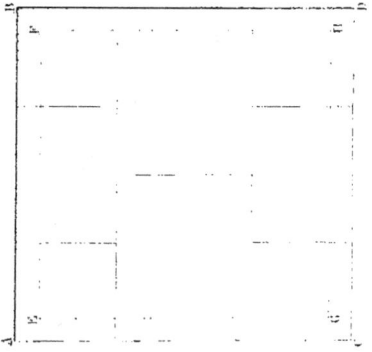

Fig. 2.

A,B,C,D. Plan de l'Assise de Ritage en fondation.
E,F,G,H. Plan des Assises en fondation Nᵒˢ 2 et 4.

Pl. 4.

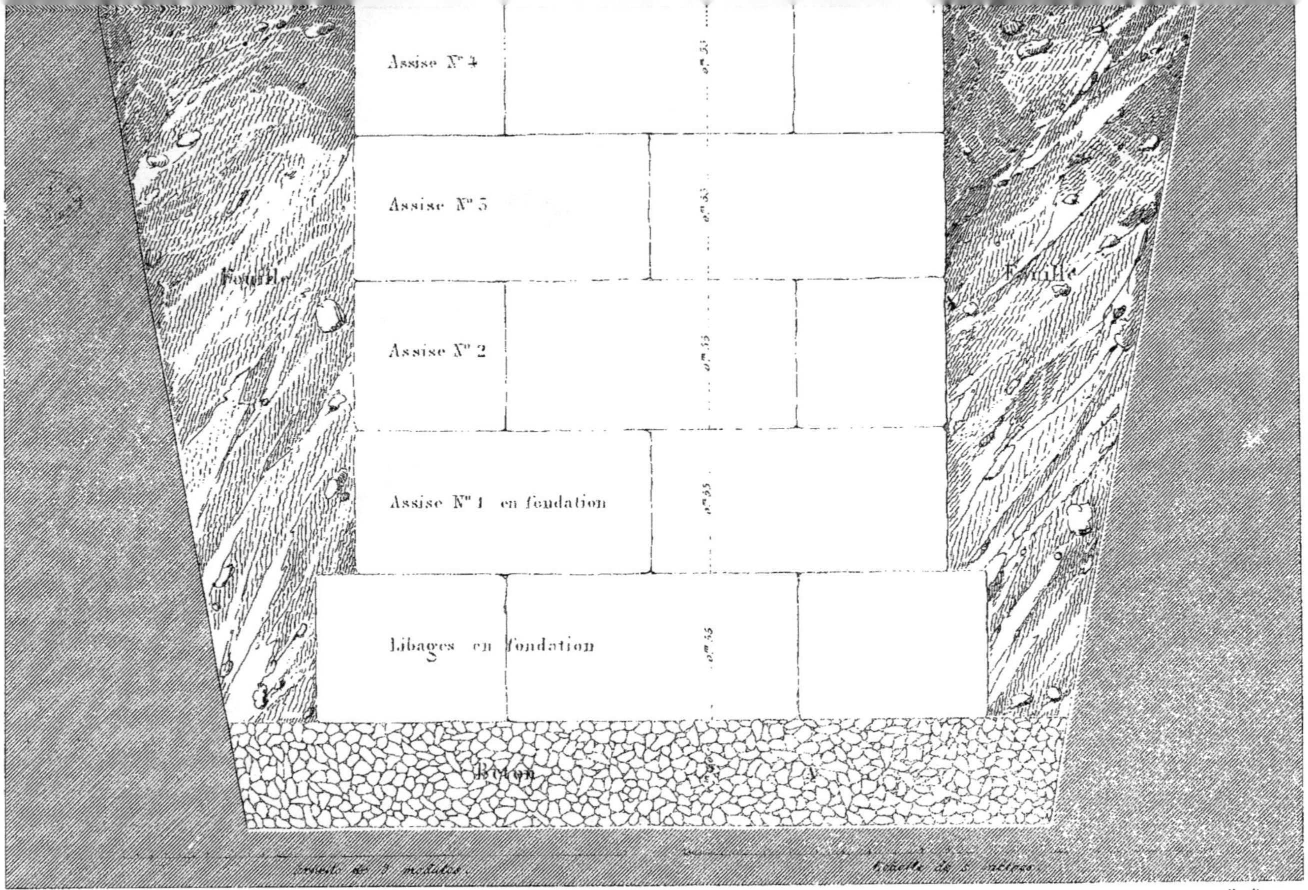
Assise N° 4
Assise N° 3
Assise N° 2
Assise N° 1 en fondation
Libages en fondation
Béton
Fouille
Fouille
0m.55
0m.55
0m.55
0m.55
0m.55

Athe Bataille, arch. del.

Marlier sc.

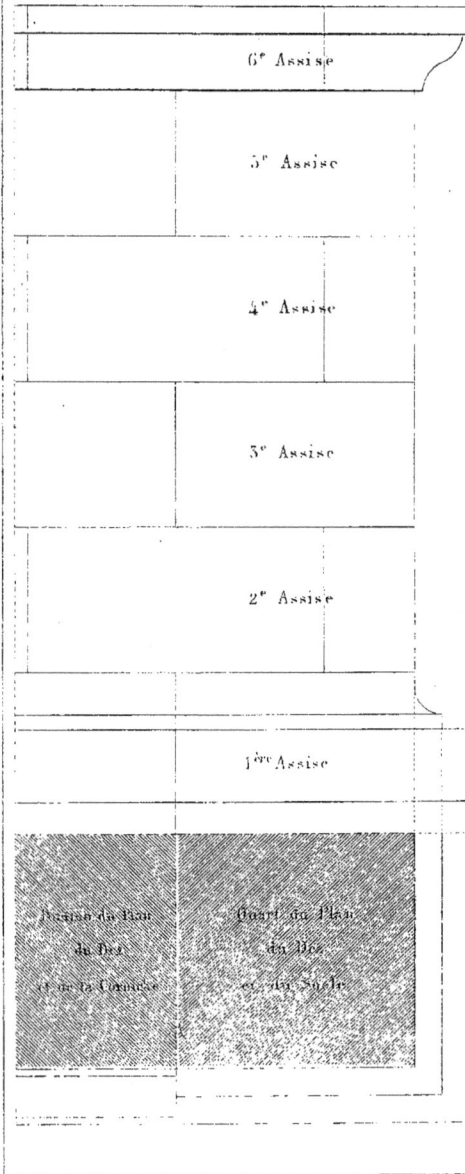

Fig. 4.

6ᵉ Assise

5ᵉ Assise

4ᵉ Assise

3ᵉ Assise

2ᵉ Assise

1ᵉʳᵉ Assise

Demi du Plan
du Dé
et de la Corniche

Quart du Plan
du Dé
et du Socle

Fig. 10.

Corniche ou 6ᵉ Assise indiquant le

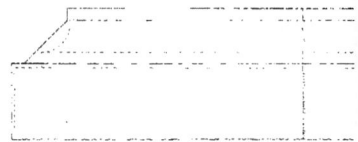

Fig. 11.

Socle ou 1ᵉʳᵉ Assise indiquant le

Fig. 5.   Plan de la 1ᵉʳᵉ Assise compr

Les Assises 3 et 5 sont semblables comme construction

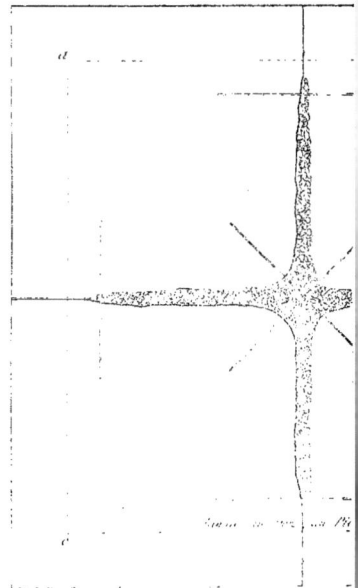

Lith.ᵉ Bataille, arch. 1858.

et l'épannelage.

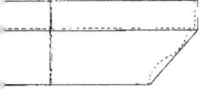

et l'épannelage.

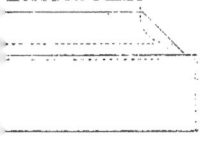

llie de l'épannelage
suivent la limite a.b.c.d.

Différentes ferrures pour maintenir l'écartement des Pierres.

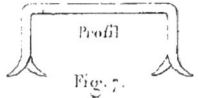

Profil

Fig. 7.

Plan

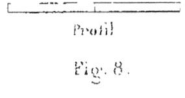

Profil

Fig. 8.

Plan

Fig. 9.

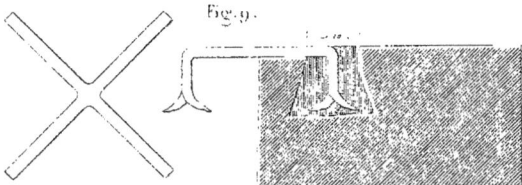

Fig. 6. Coupe de la 6ᵉ Assise compris saillie d'épannelage.
Les Assises 2 et 4 sont semblables elles suivent la limite a'b'c'd'.

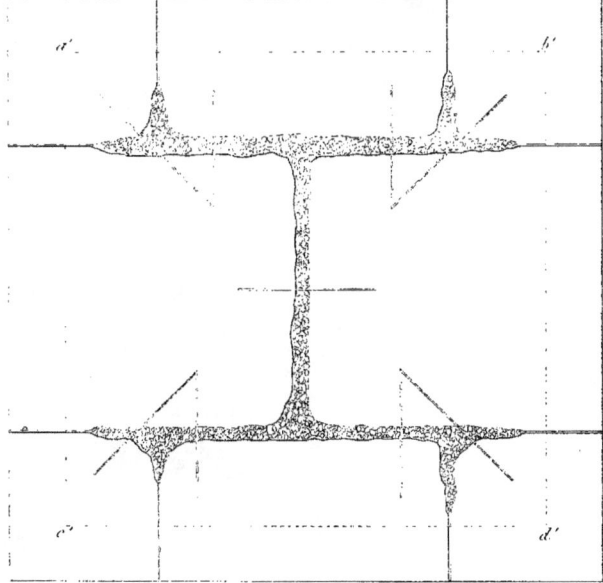

2 modules.

Marline sc.

ENTABLEMENT TOSCAN.   CONSTRUCTION EN PIERRES.

La construction moderne.

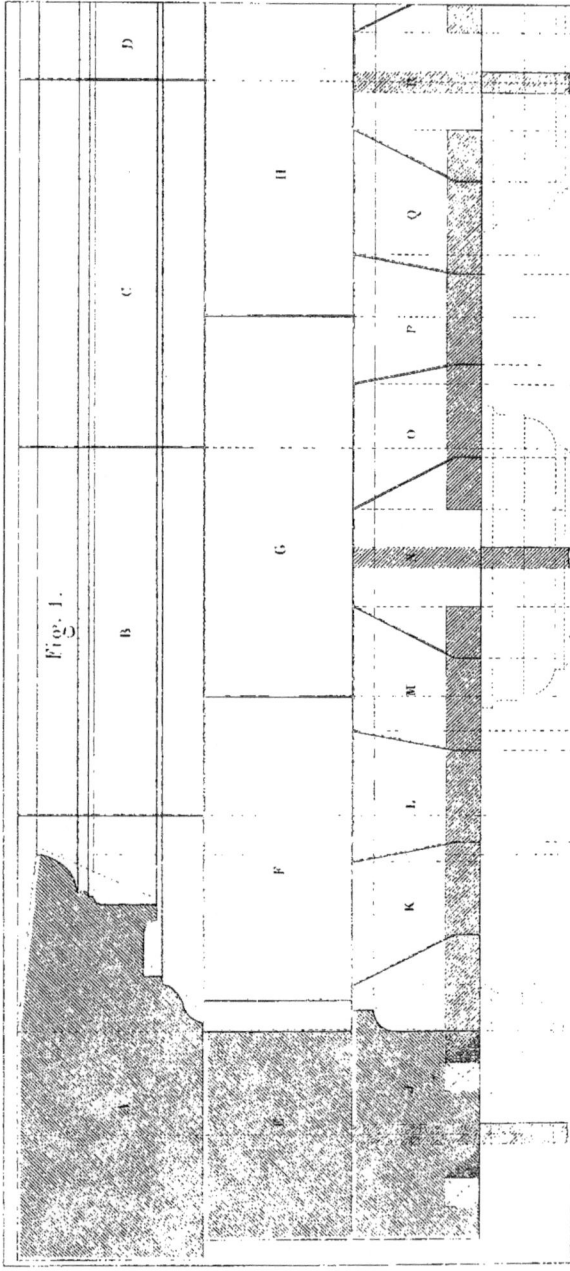

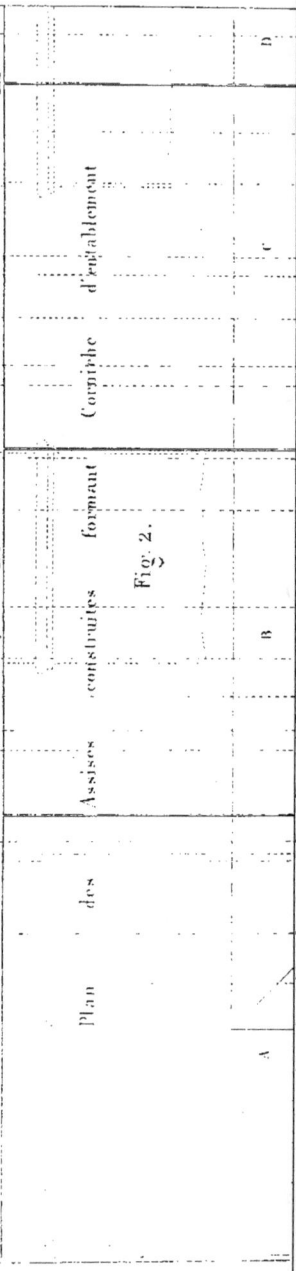

Fig. 1.

D   C   H   B   G   F

Q   P   O   N   M   L   K

Fig. 2.

Plan   des   Assises   construites   formant   Corniche   d'entablement

A   B   C   D

Pl. 6.

Fig. 3. Plan des Assises construites formant Frise d'entablement

Fig. 4. Plan de l'Architrave faite en claveaux de Plates-bandes

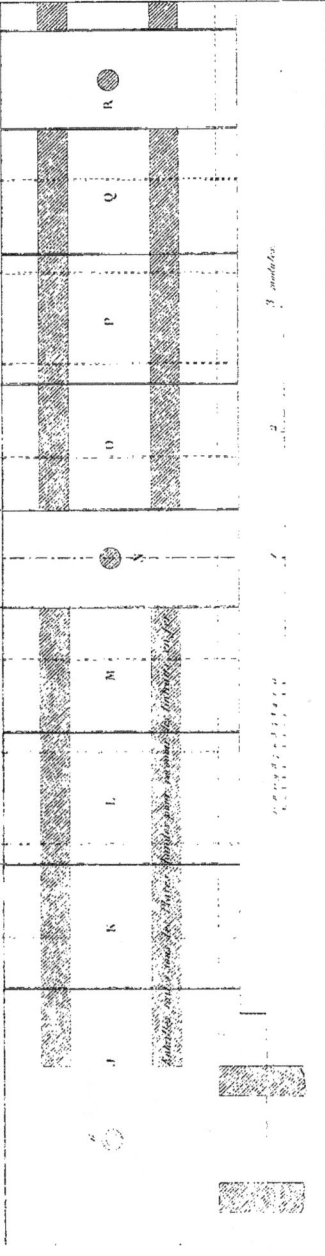

R Q P O N M L K J

G H

Echelle

3 mètres

M.r Labrouste arch. 1828

Fig. 1.

Coupe prise sur la ligne *A B* du Plan.

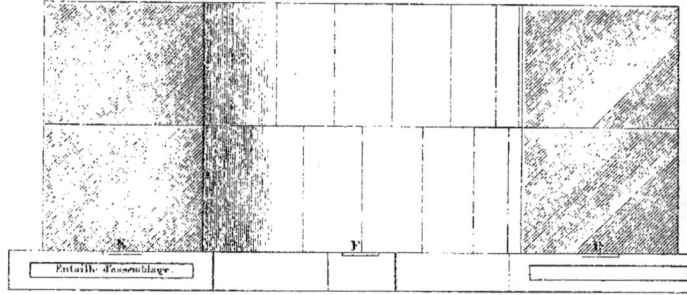

Entaille d'assemblage.

Fig. 2.

PLAN.

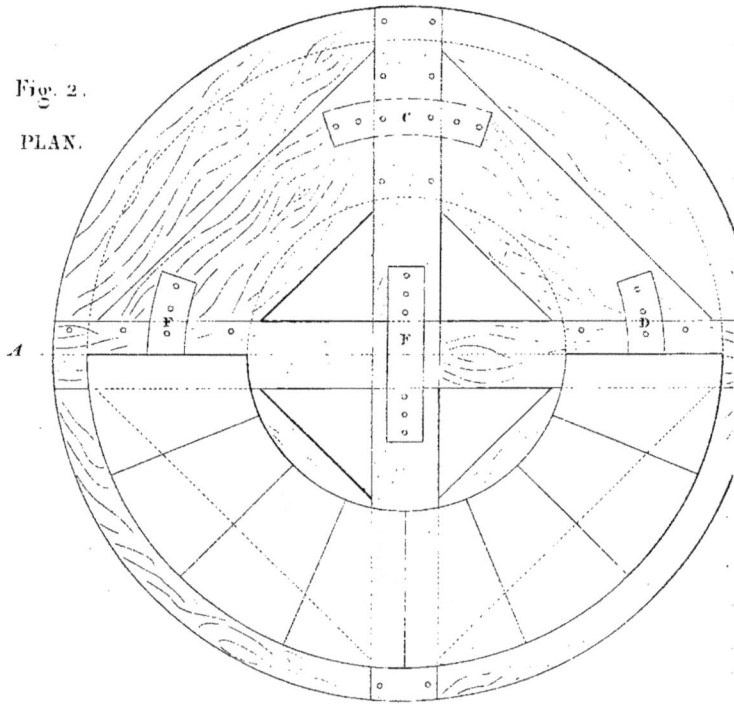

A

Ath.ᵉ Bataille, arch. del.

Fig. 3.

Vue perspective du Rouet et du Puits en construction.

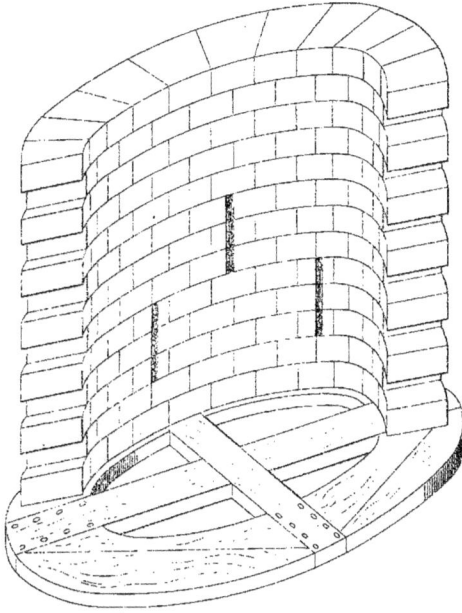

B

Plates-bandes en fer pour maintenir les assemblages du Rouet.

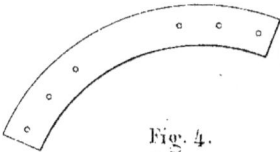

Fig. 4.   Fig. 5.

Marlier sc.

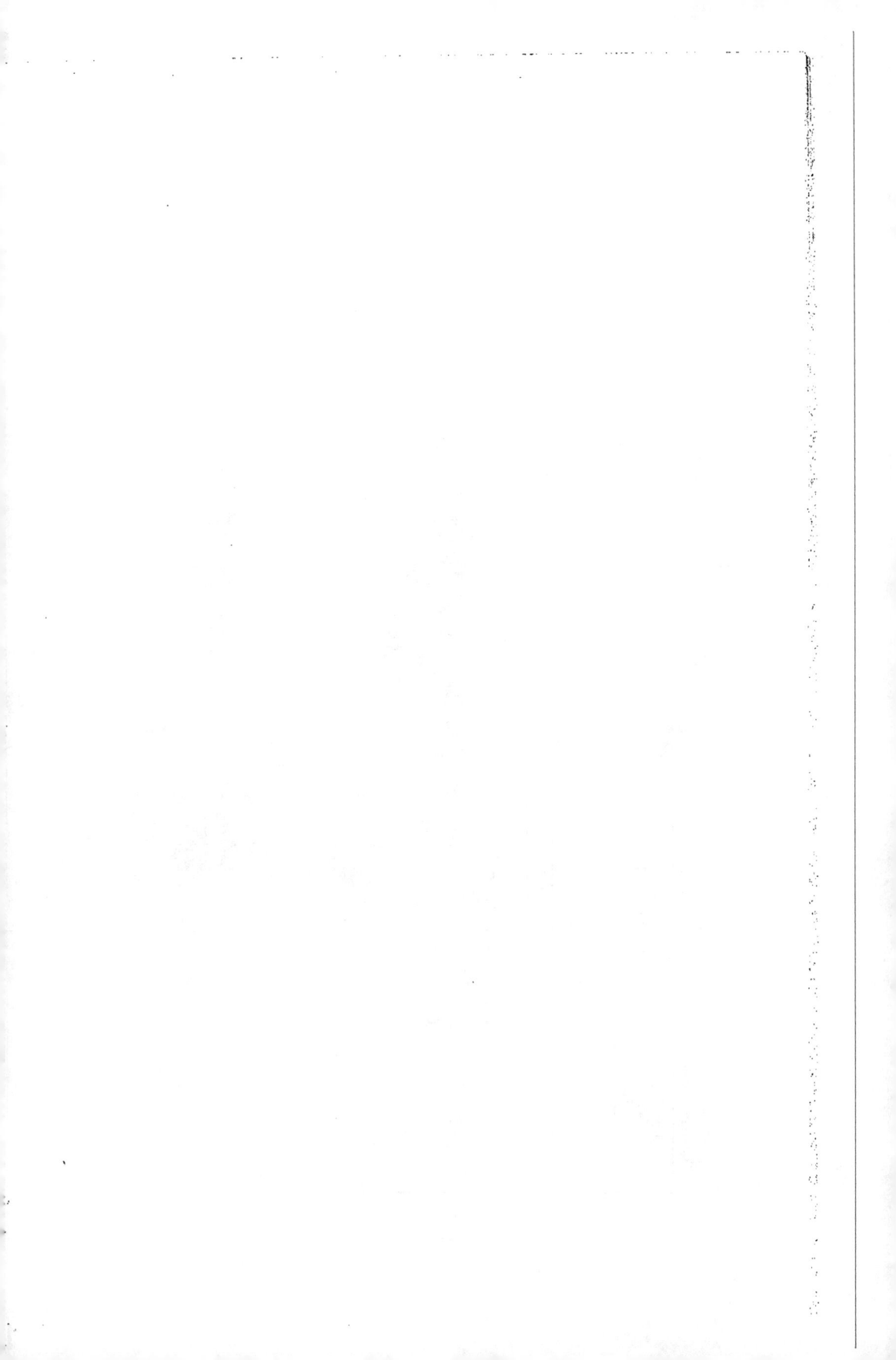

CONSTRUCTION DANS L'EAU

1ère Partie — Pl. 8.

La Construction moderne.

Mur en fondation

Libages

Assemblages des Plates formes

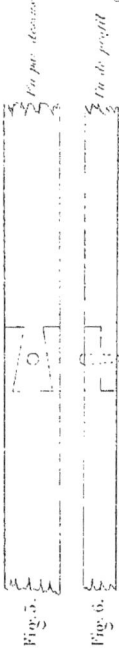

Vu par dessus

Vu de profil

Fig. 3.

Fig. 4.

Fig. 5.

Fig. 6.

Fondation sous l'eau.   Vue de face.

Ligne de graisage

Pilotis

Fig. 2.   Vue par dessus ou Plan.

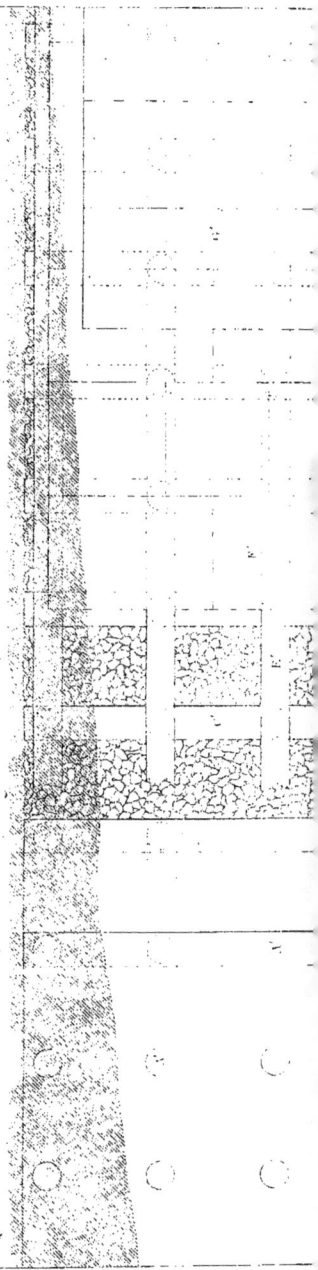

Pl. 8.

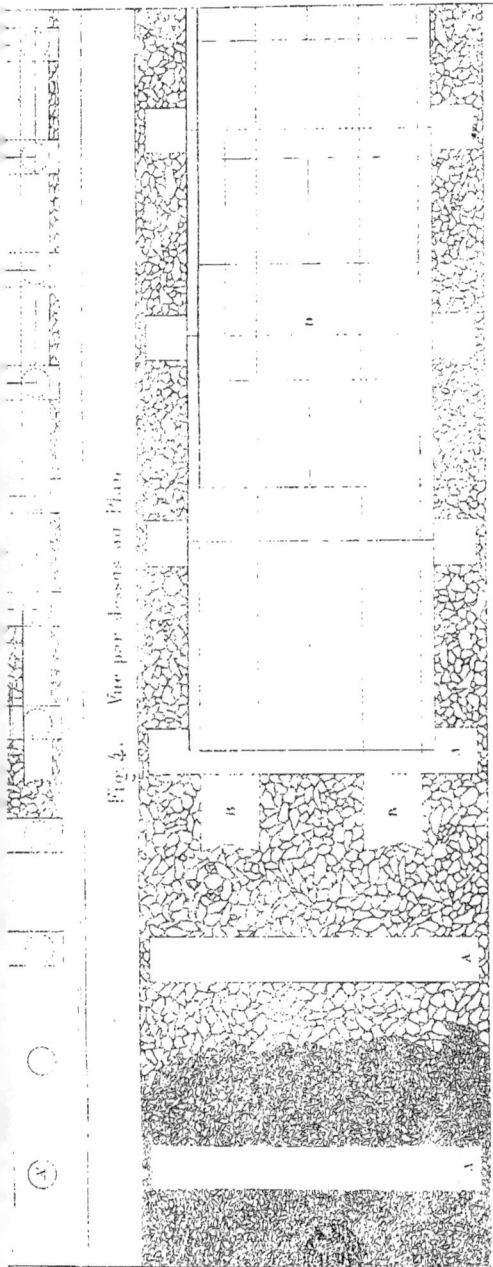

Fig. 4. Vue par dessus ou Plan.

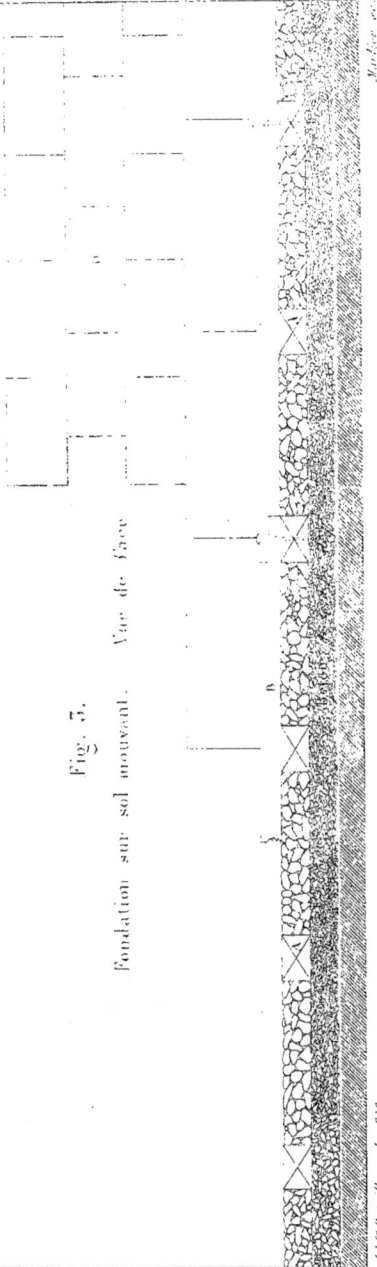

Fig. 5.

Fondation sur sol mouvant. Vue de face.

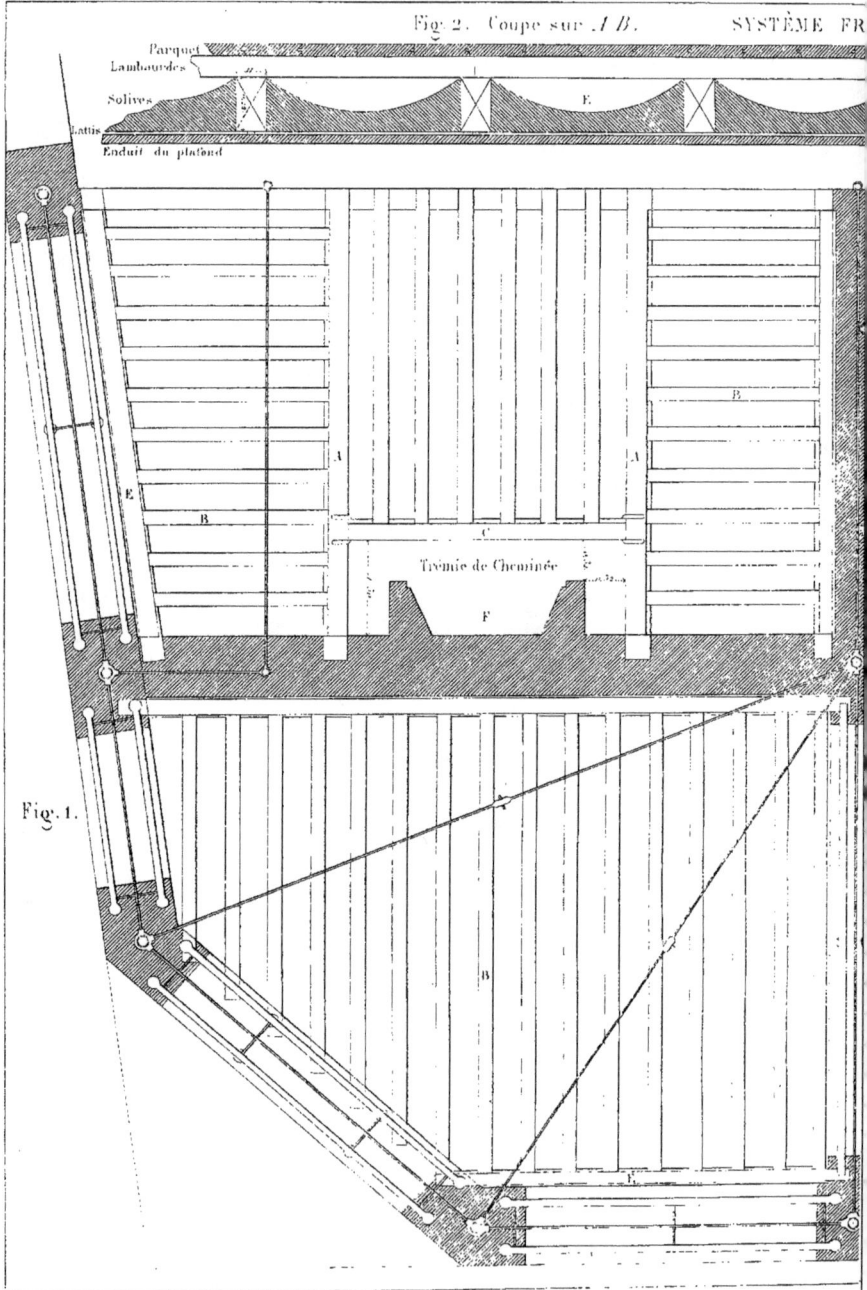

Fig. 2. Coupe sur *A B*.   SYSTÈME FR

Parquet

Lambourdes

Solives

Lattis

Enduit du plafond

E.

B.

A.   A.

E.

B.

C.

Trémie de Cheminée

F.

Fig. 1.

A.

B.

E.

Bataille, arch. 1858.

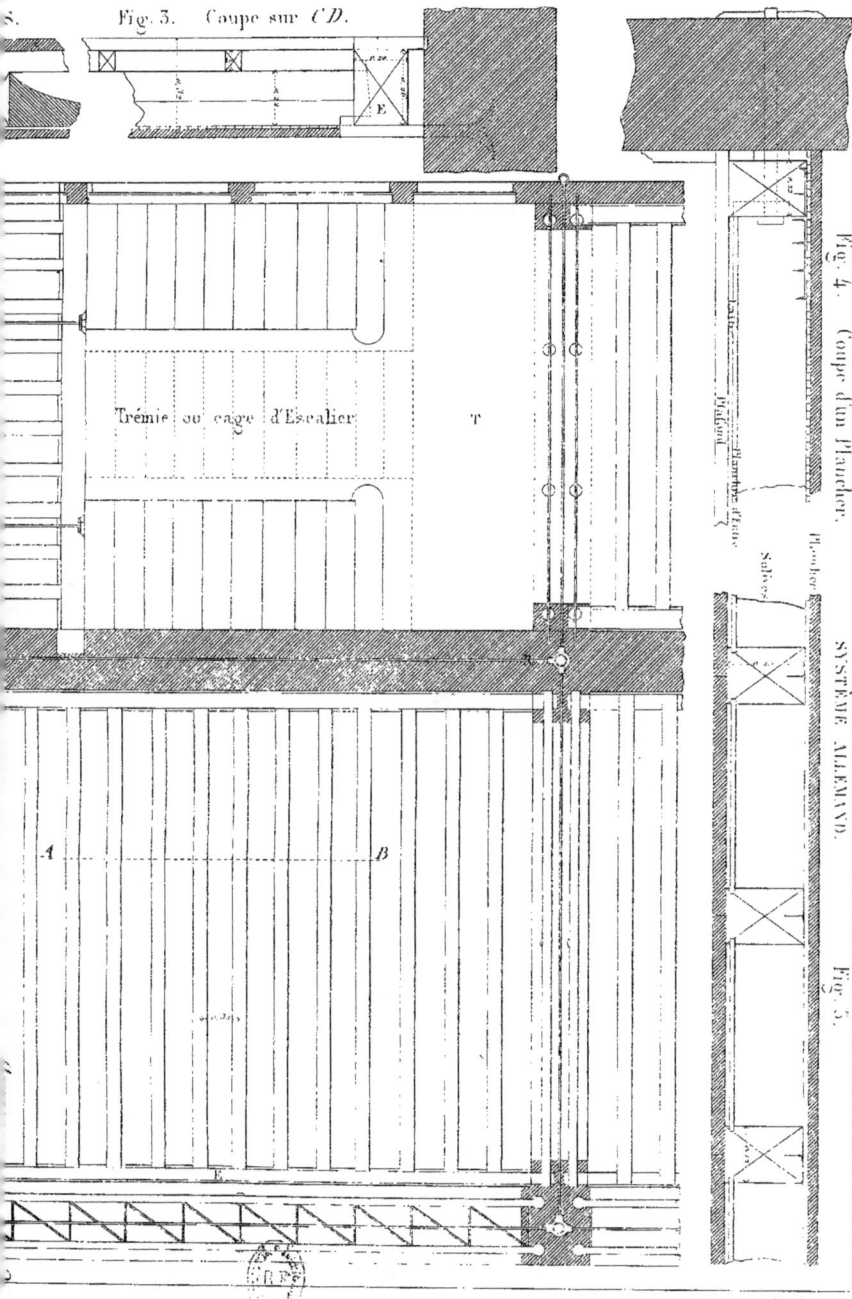

Fig. 3.   Coupe sur *CD*.

E

Trémie ou cage d'Escalier   T

A   B

Fig. 4.   Coupe d'un Plancher.

SYSTÈME ALLEMAND.

Fig. 5.

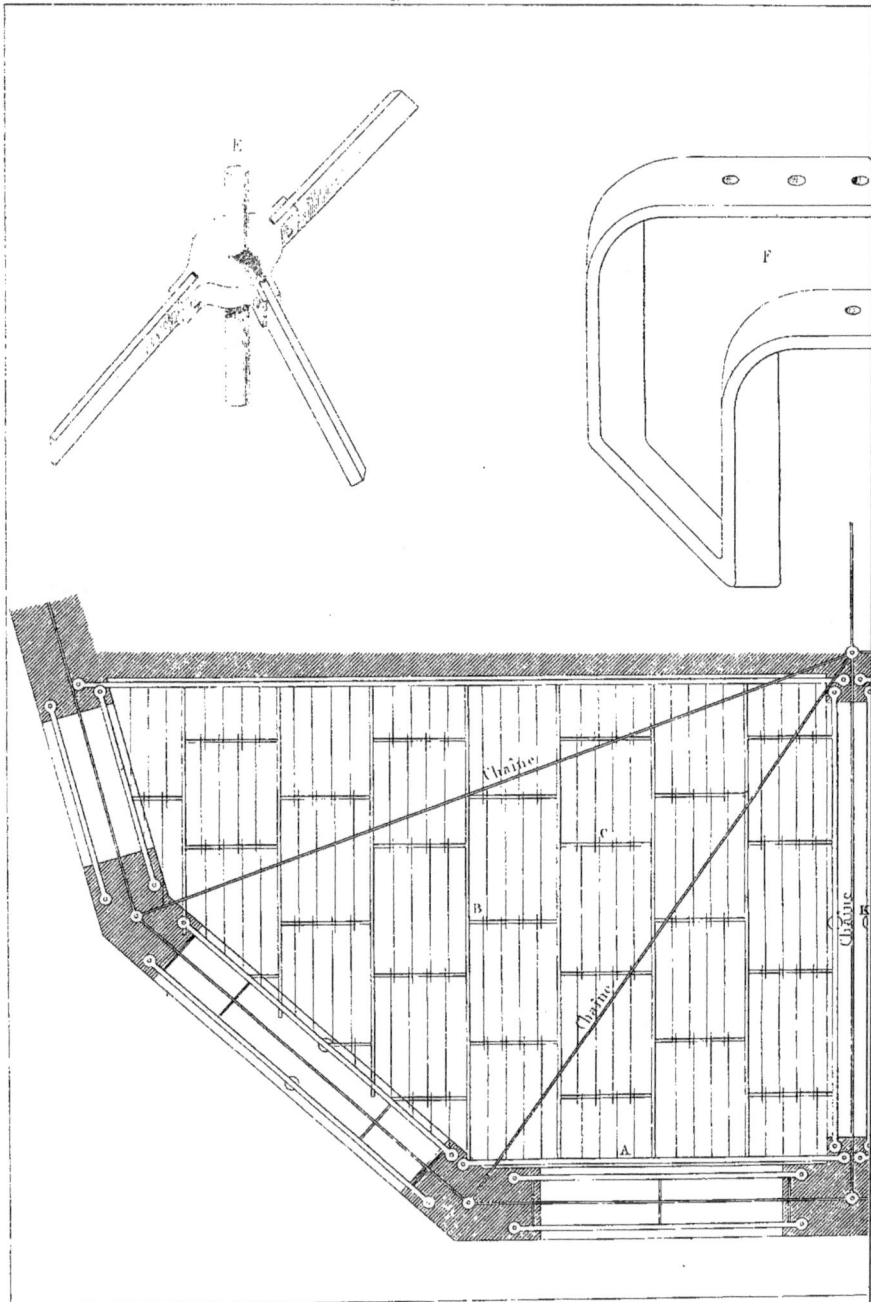

Lith.ᵉ Bataille arch. 1818.

Fig. 2.

Solive

II

Entretoise

Fanton

G

J

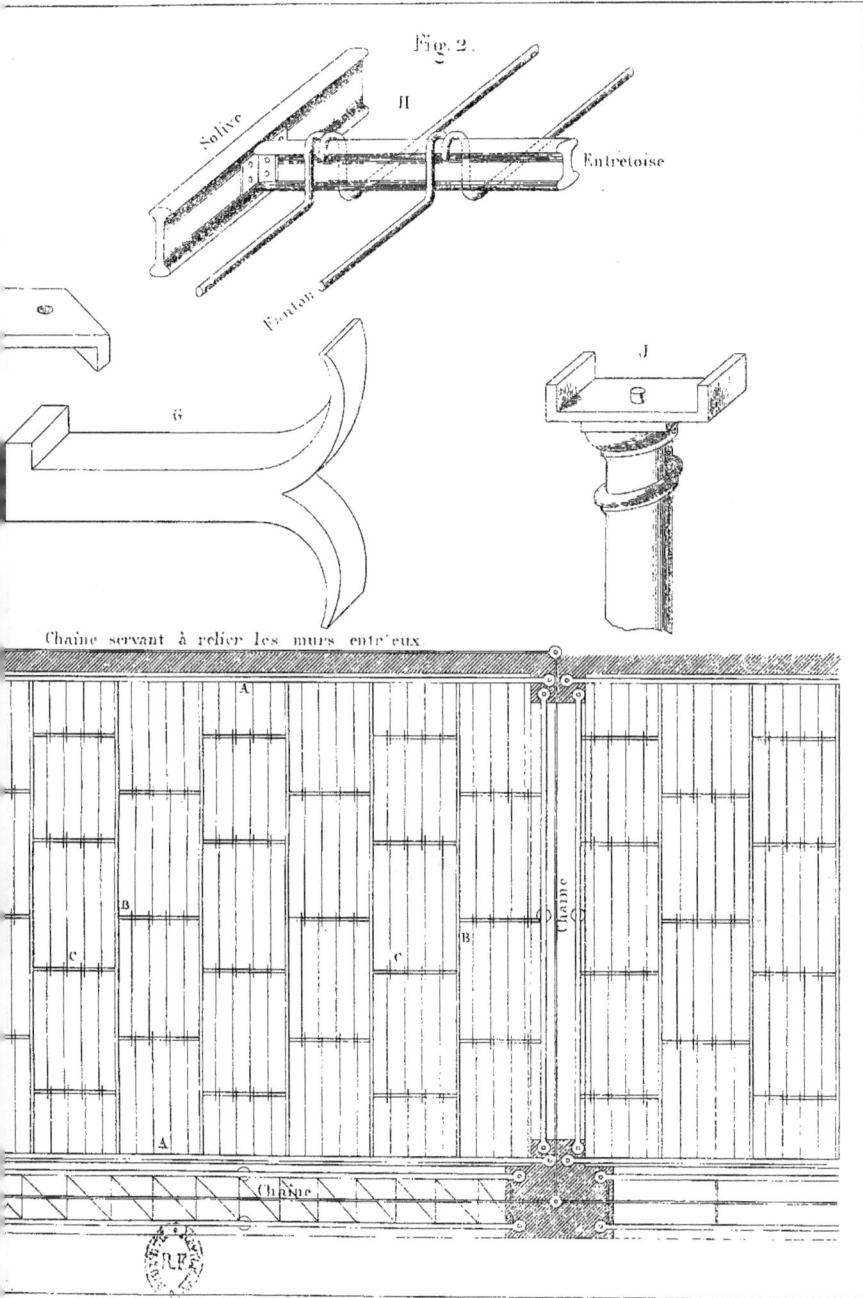

Chaine servant à relier les murs entr'eux.

A

B

C

B

C

A

Chaine

Chaine

Martin sc.

PROFIL.

Fig. 1.

Parquet. Sol intérieur Seuil
Sol extér.

Fig. 3.

Fondations

Libages

Plan de la partie inférieure.

VUE DE FACE

Fig. 2.

Fig. 4.

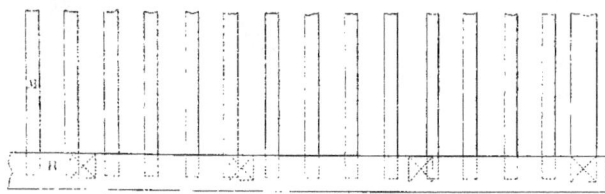

Plan de la partie supérieure.

Baclier sc.

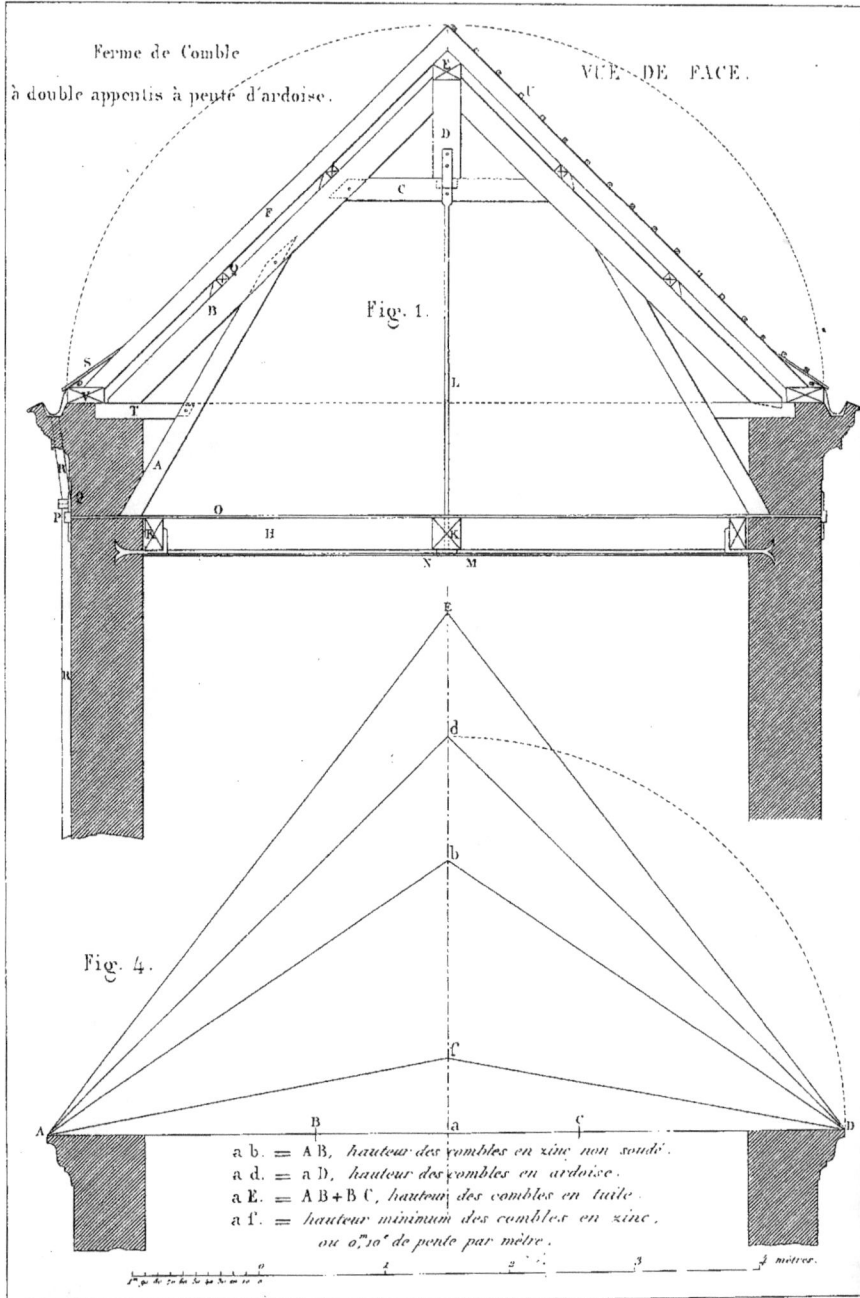

Ferme de Comble

à double appentis à pente d'ardoise.

VUE DE FACE.

Fig. 1.

Fig. 4.

a b. = A B, hauteur des combles en zinc non soudé.

a d. = a D, hauteur des combles en ardoise.

a E. = A B + B C, hauteur des combles en tuile.

a f. = hauteur minimum des combles en zinc,

ou 0^m,10 de pente par mètre.

4 mètres.

Adh^e Bataille, arch. 1838.

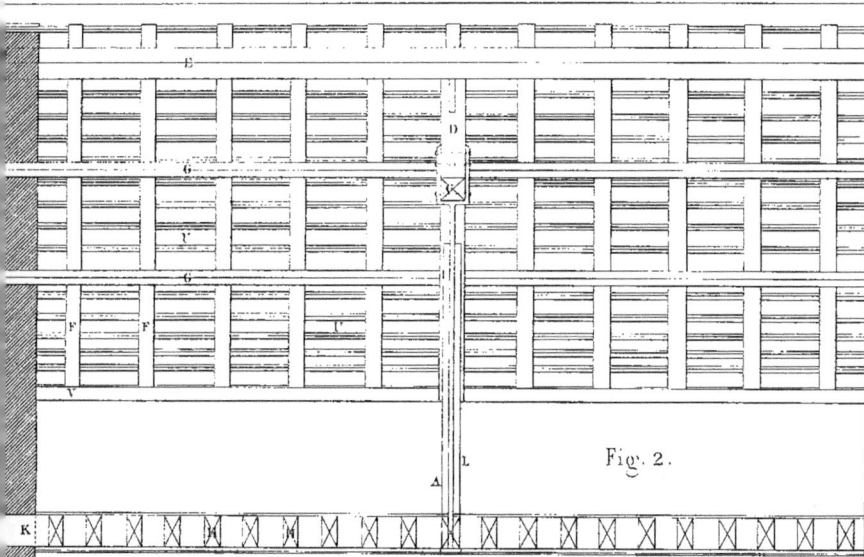

Fig. 2.

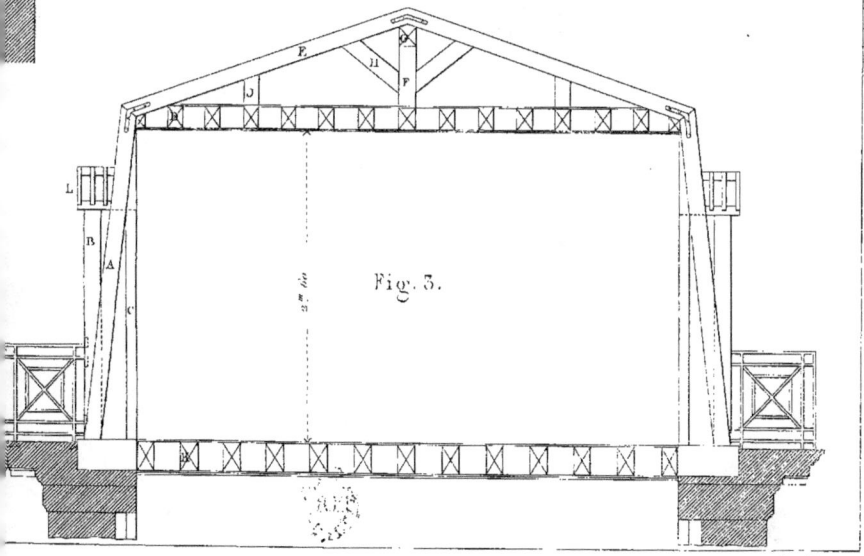

Fig. 3.

Marlier sc.

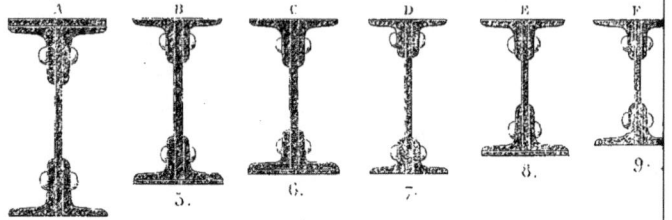

Fig. 4.

GARE DE L'OUEST A PARIS.

Fig. 1.

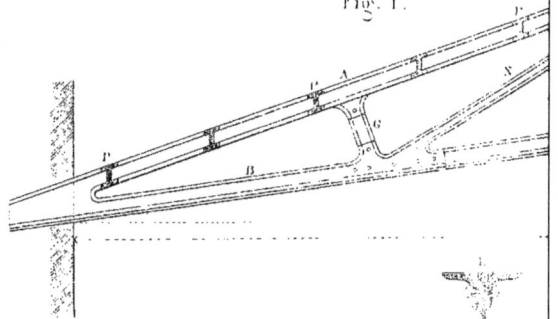

GARE DE St GERMAIN.

Fig. 2.

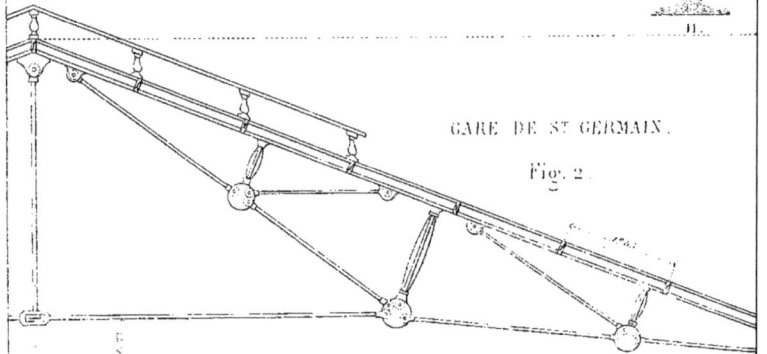

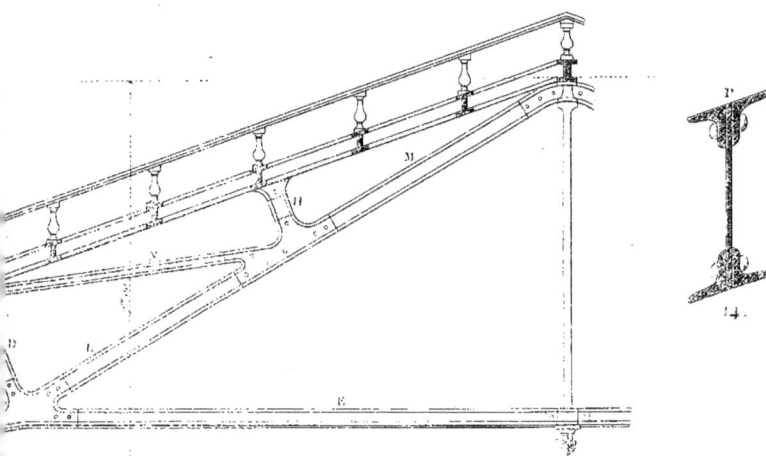

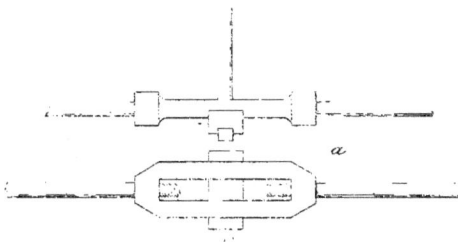

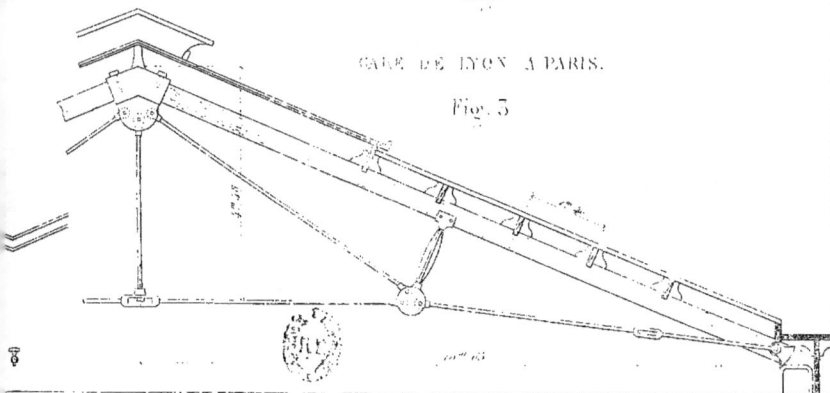

GARE DE LYON A PARIS.

Fig. 3

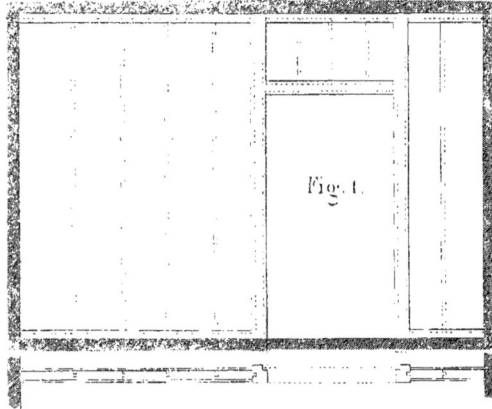
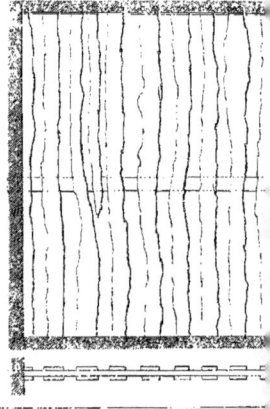

Fig. 4.

Fig. 5.

Fig. 6.

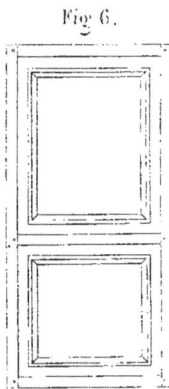

Fig. 10 et 11.

Fig. 12.

Fig. 7.

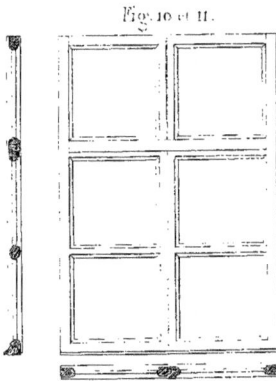

Fig. 12 bis

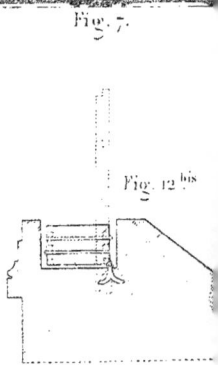

Im. Emaille, arch. 1858.

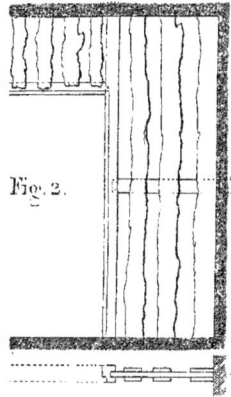

Fig. 2.

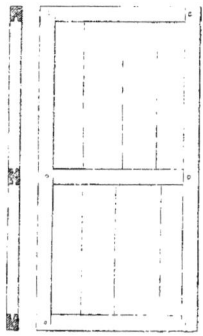

Fig. 4.

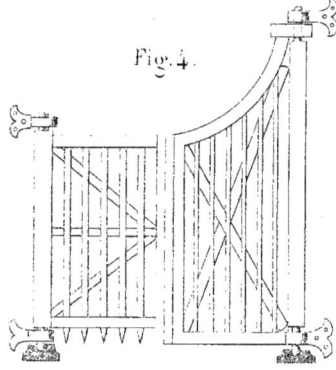

Fig. 5.

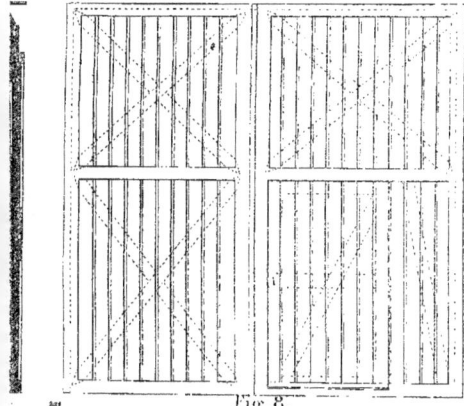

Fig. 8.

Fig. 9.

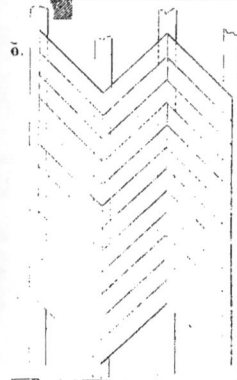

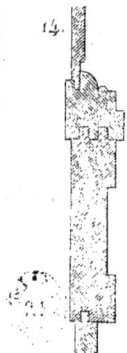

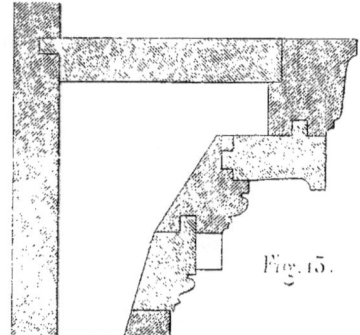

Fig. 13.

Martin sc

Fig.1.

B:

Niveau　　　　　　　　　H.　　dfu　　　　　　　Sol

Fig.2.

Fig.4

Fig.5.

D

E

Fig. 5.

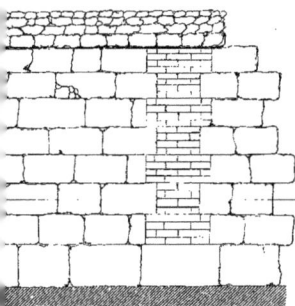

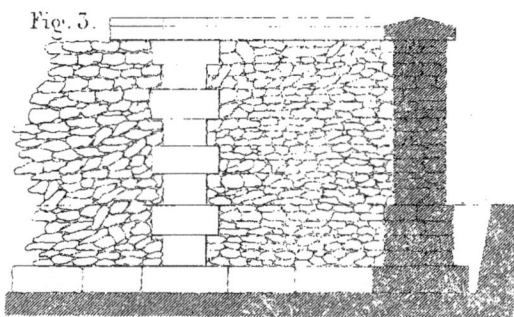

Fig. 6.

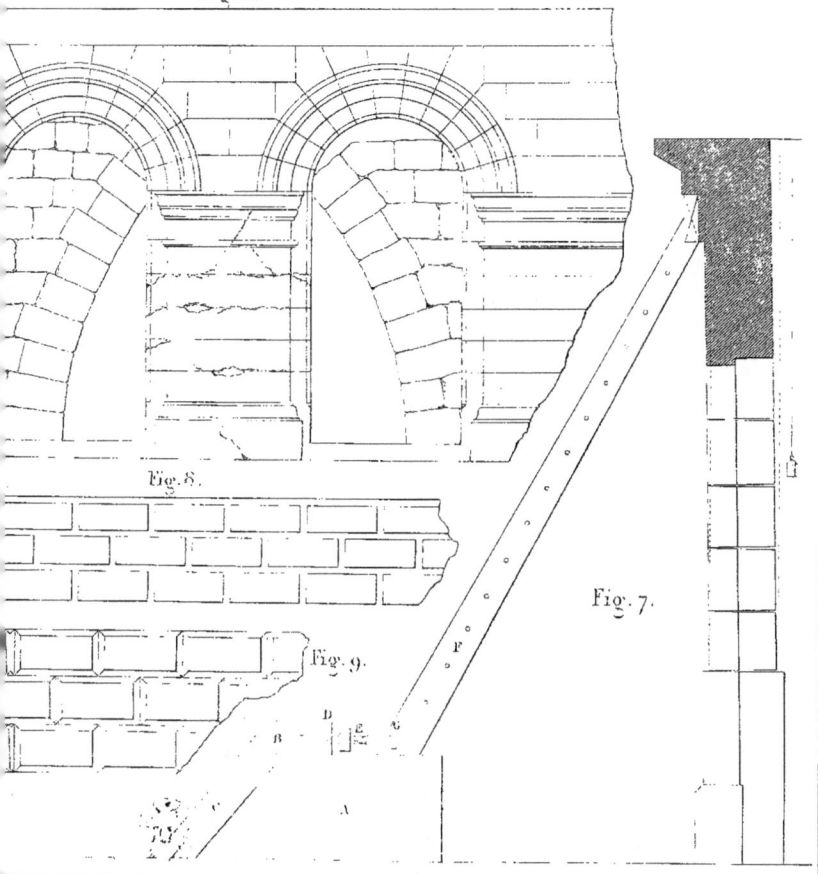

Fig. 8.

Fig. 9.

Fig. 7.

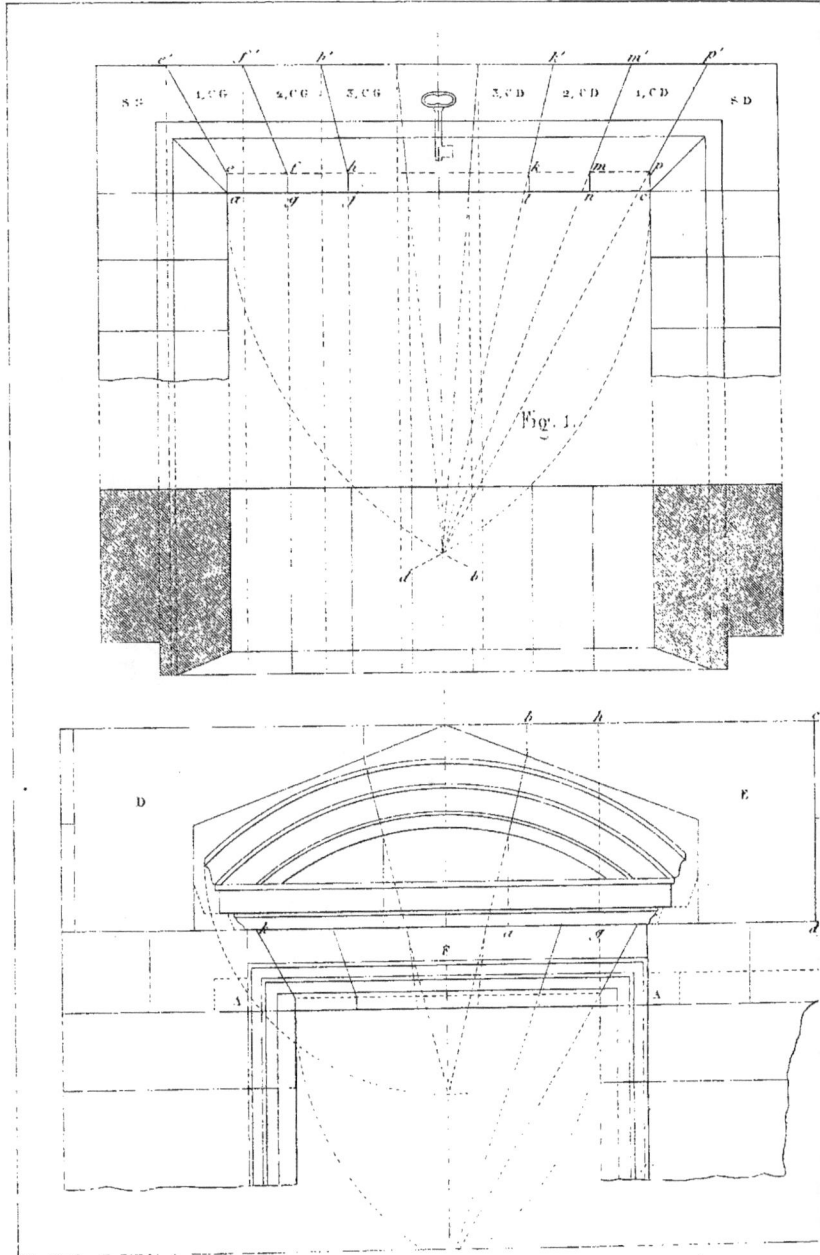

Fig. 1.

Ath.ᵉ Bataille, arch. 1858.

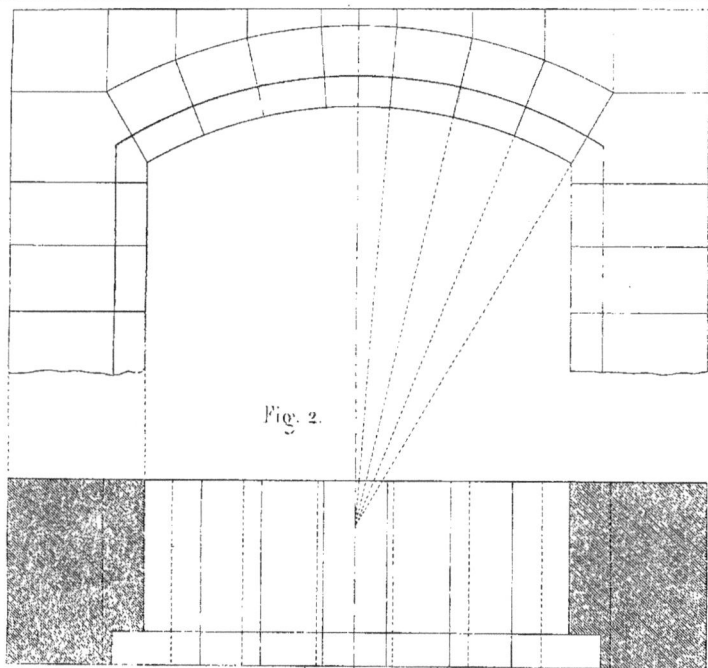

Fig. 2.

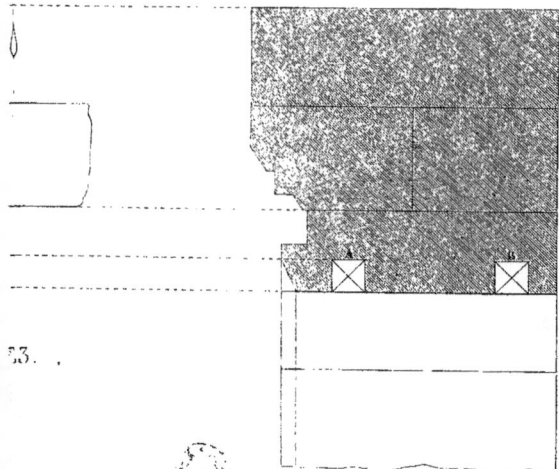

53.

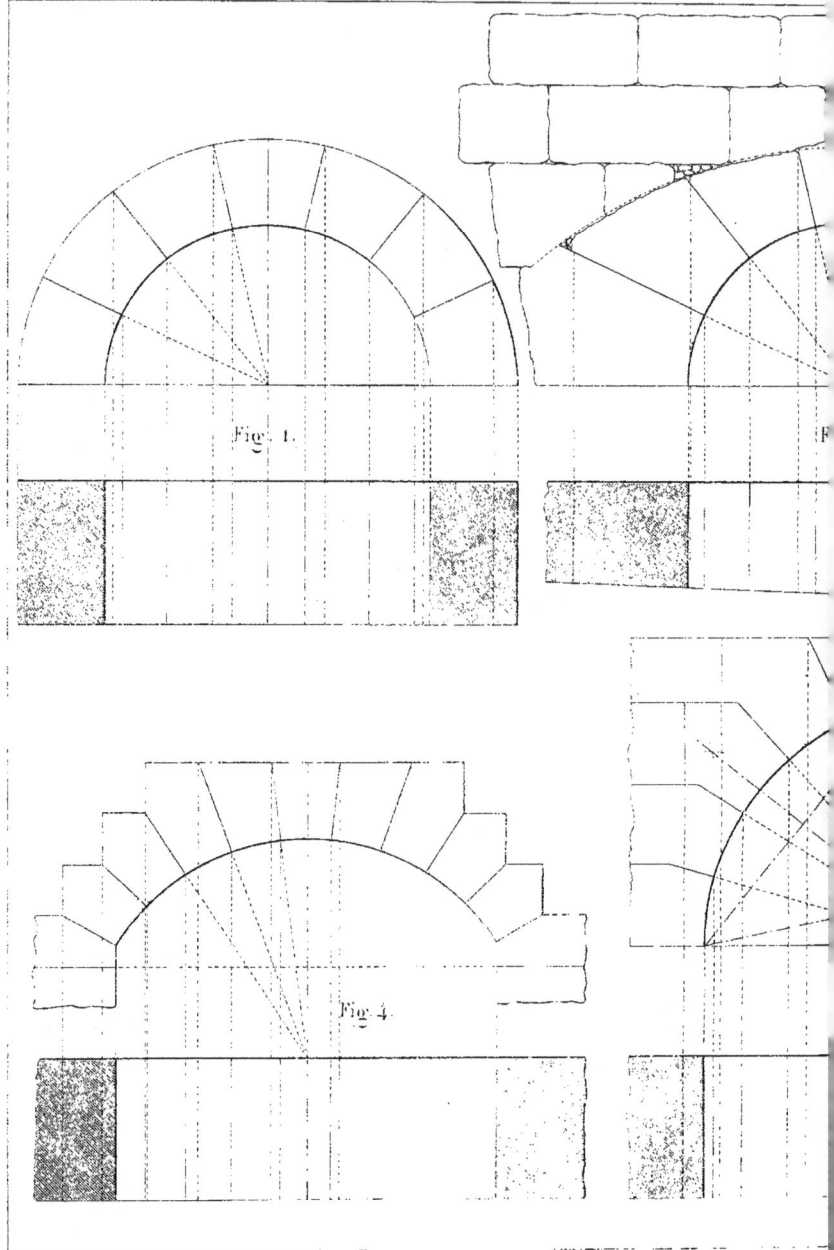

Fig. 1.

Fig. 4.

Ath.ᵉ Bataille, arch. 1858.

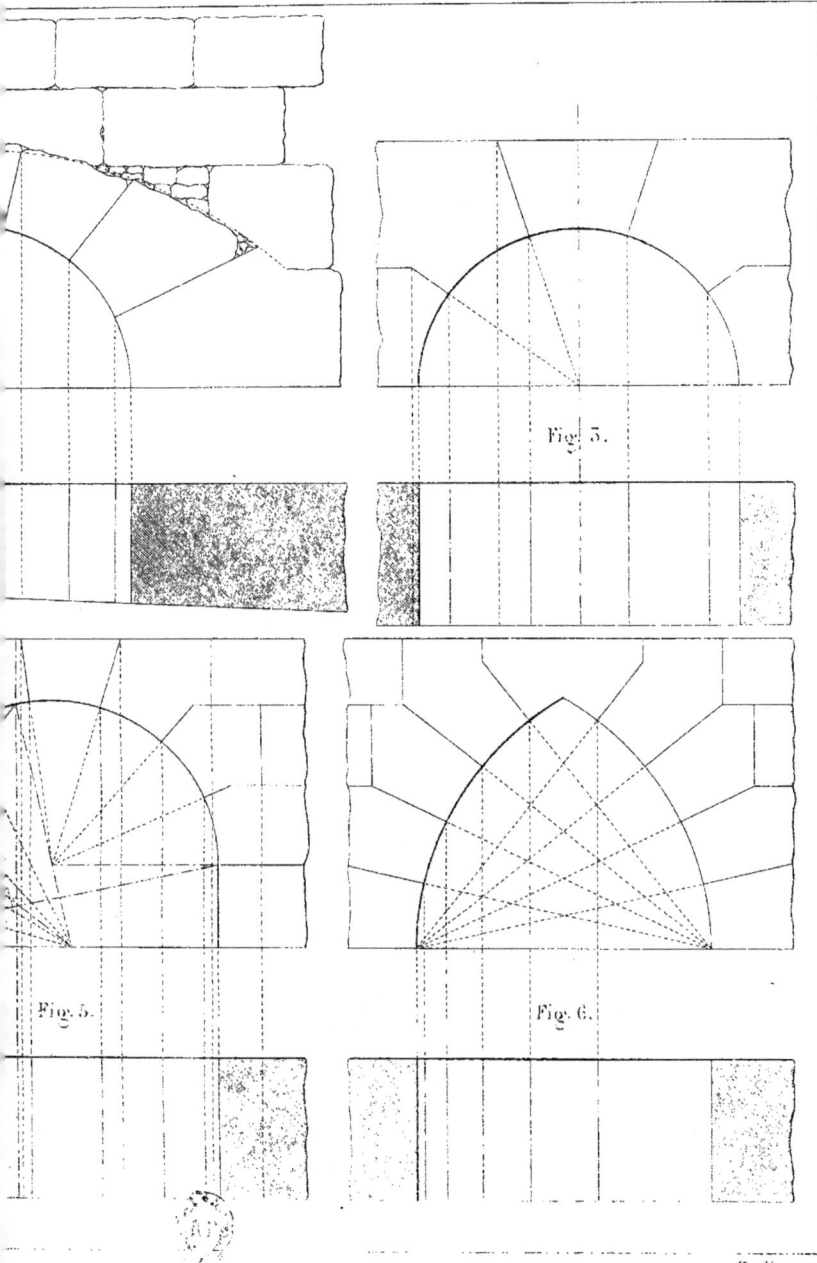

Fig. 3.

Fig. 5.

Fig. 6.

Marlier sc.

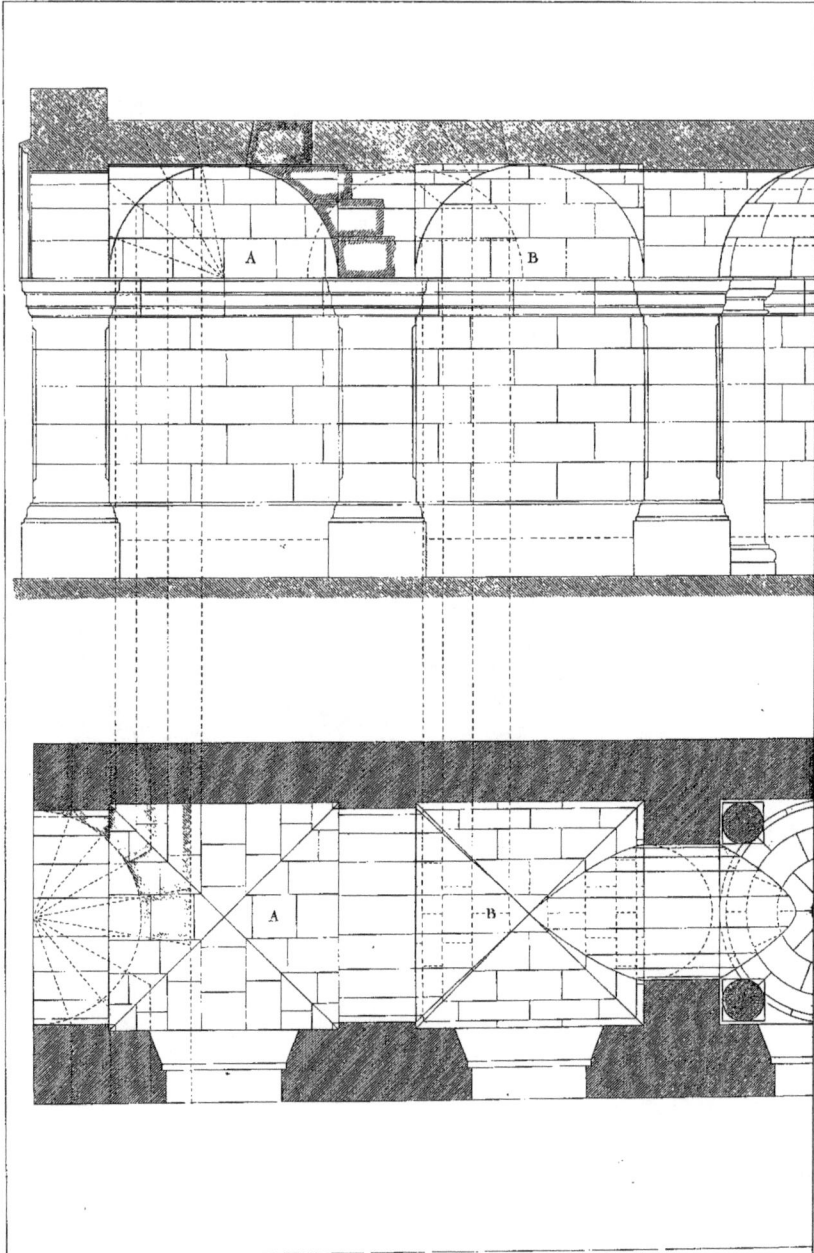

A

B

A

B

Marlier sc.

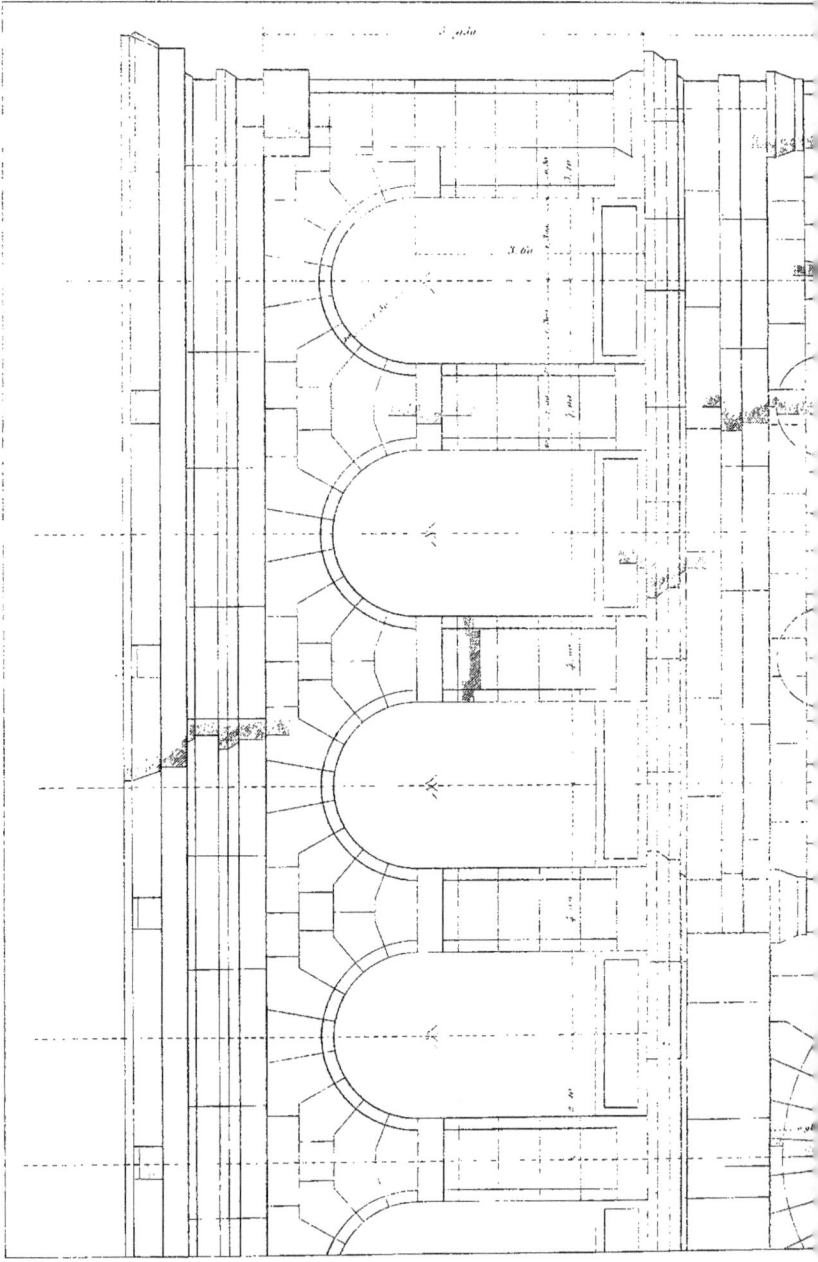

COUPE DES PIERRES.

1re Partie. Pl. 26.

La Construction moderne.

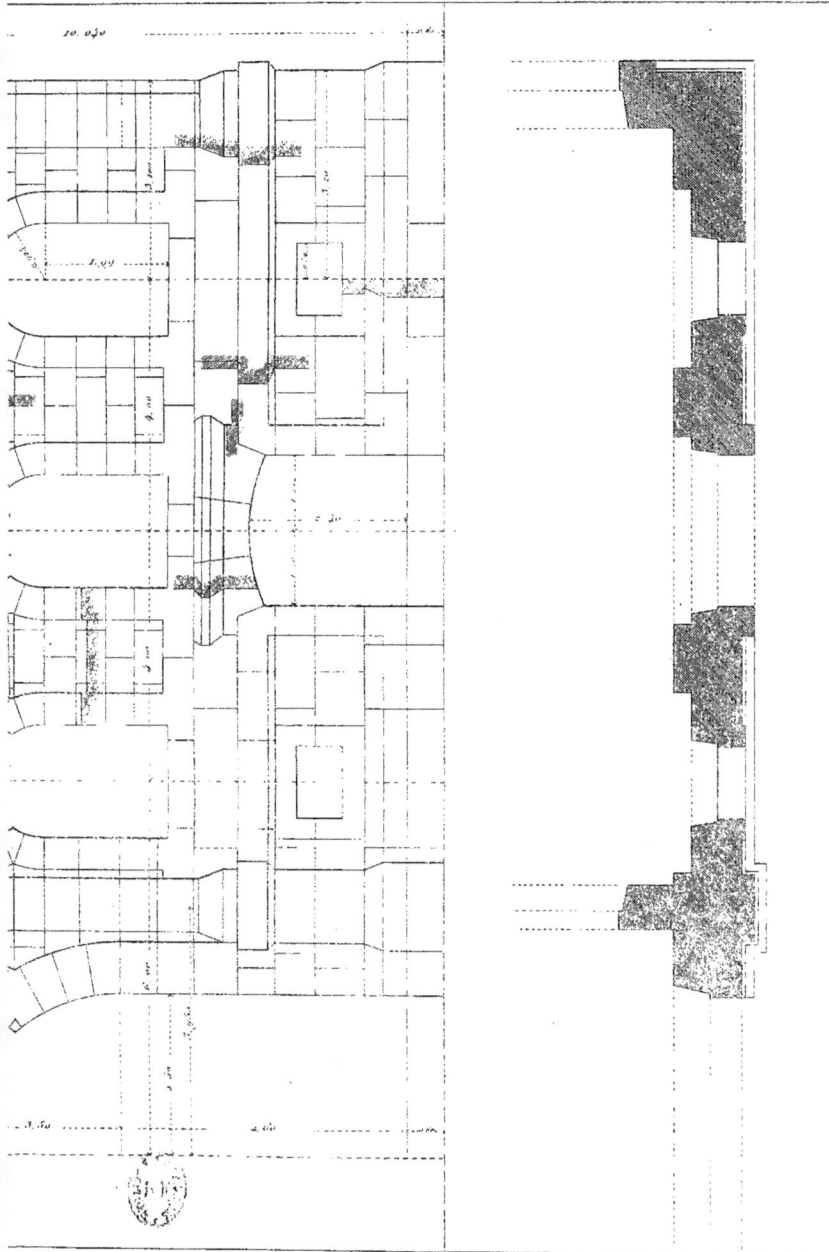

Pl. 26.

CORNIÈRES A CÔTÉS ÉGAUX.

Les chiffres portés au-dessus des profils indiquent le poids du mètre courant. On peut augmenter les épaisseurs de 1/3 environ.

Pl. 21.

CORNIÈRES A CÔTES INÉGAUX.

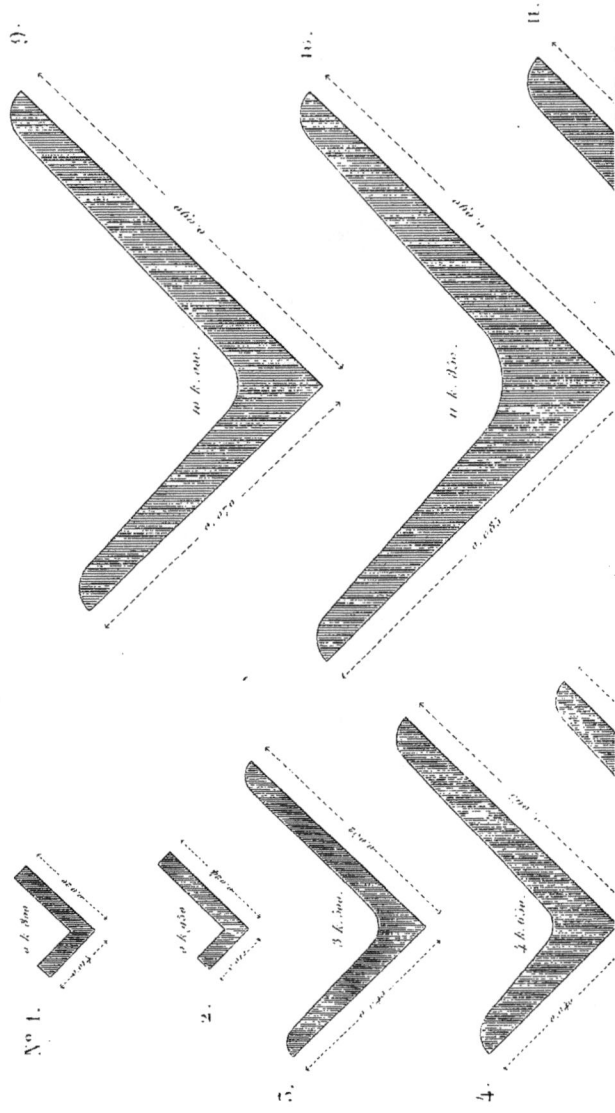

Pl. 22.

FERS A T SIMPLES.

Les chiffres portés au-dessous des profils indiquent le poids du mètre courant.

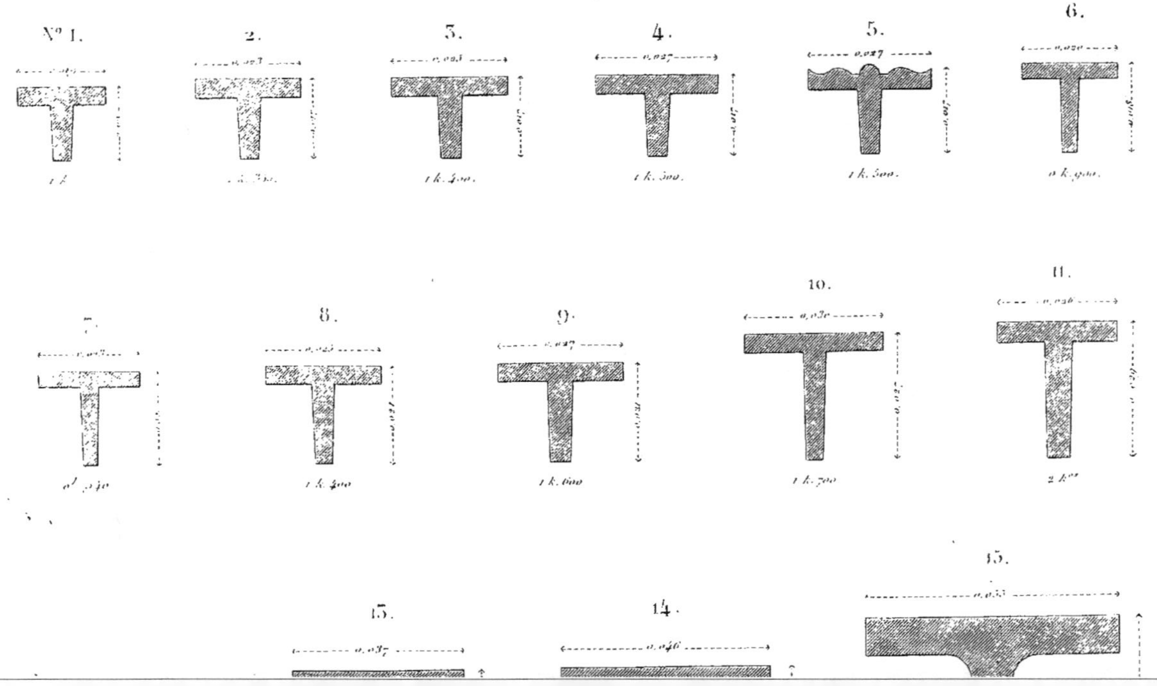

Pl. 25.

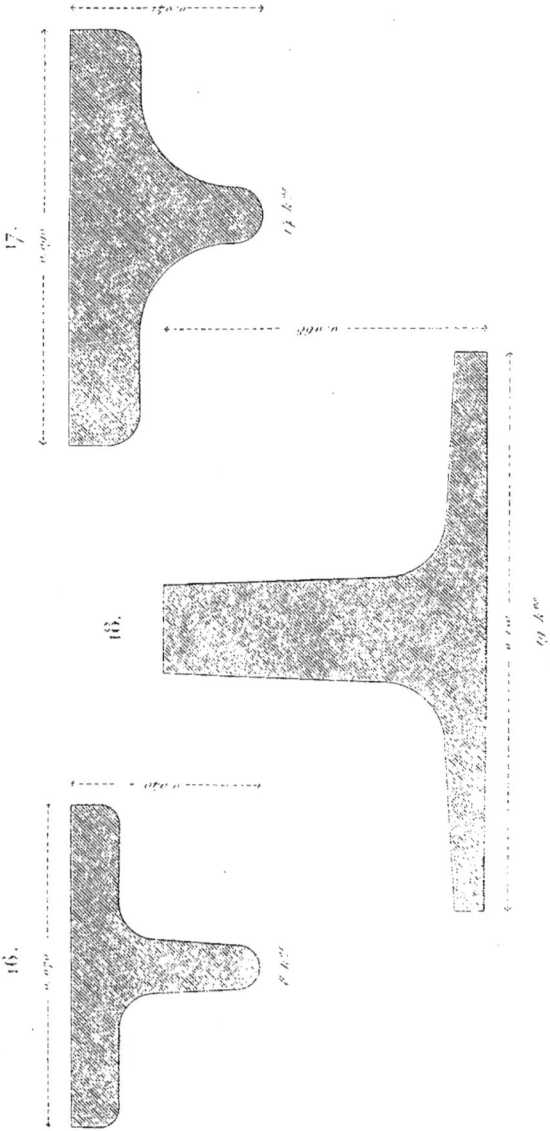

FERS A MOULURES, A VASISTAS, A CHASSIS, A VITRAGES ET A DEVANTURES DE MAGASINS.

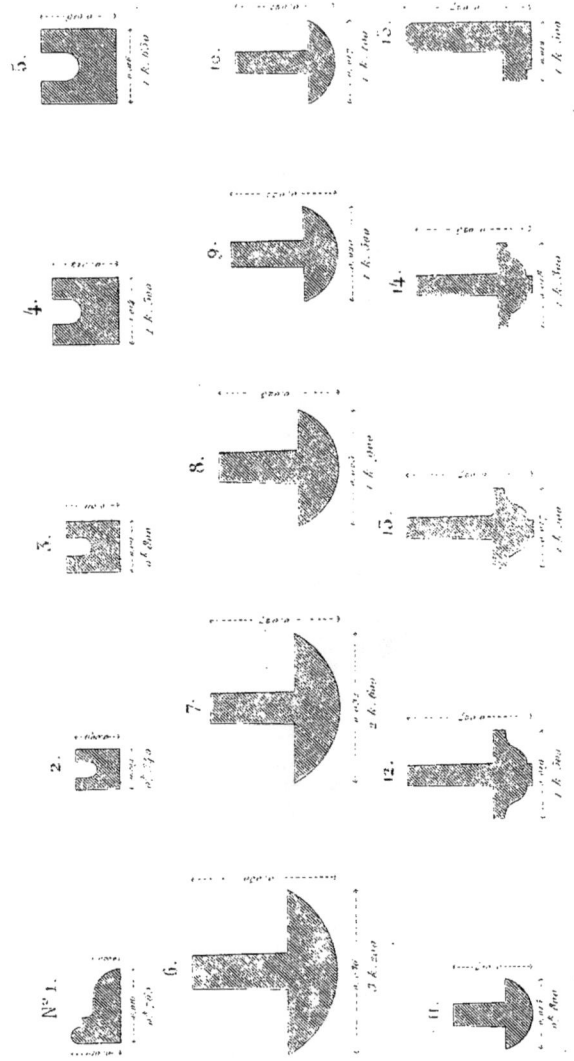

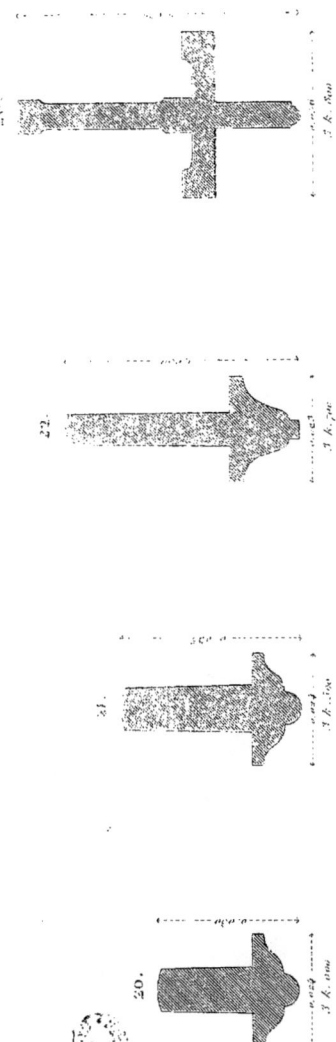

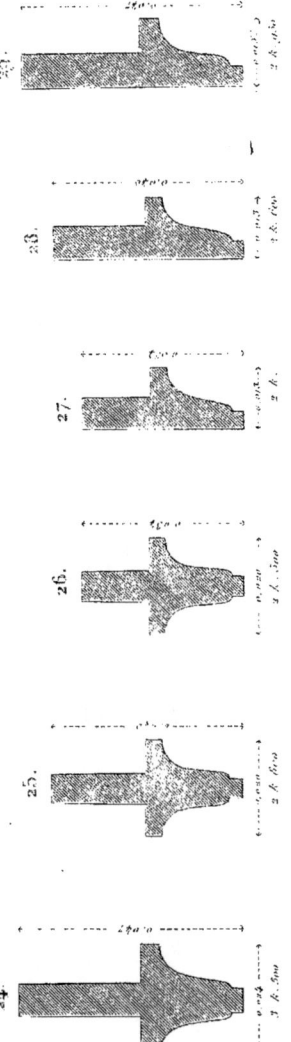

Pl. 24.

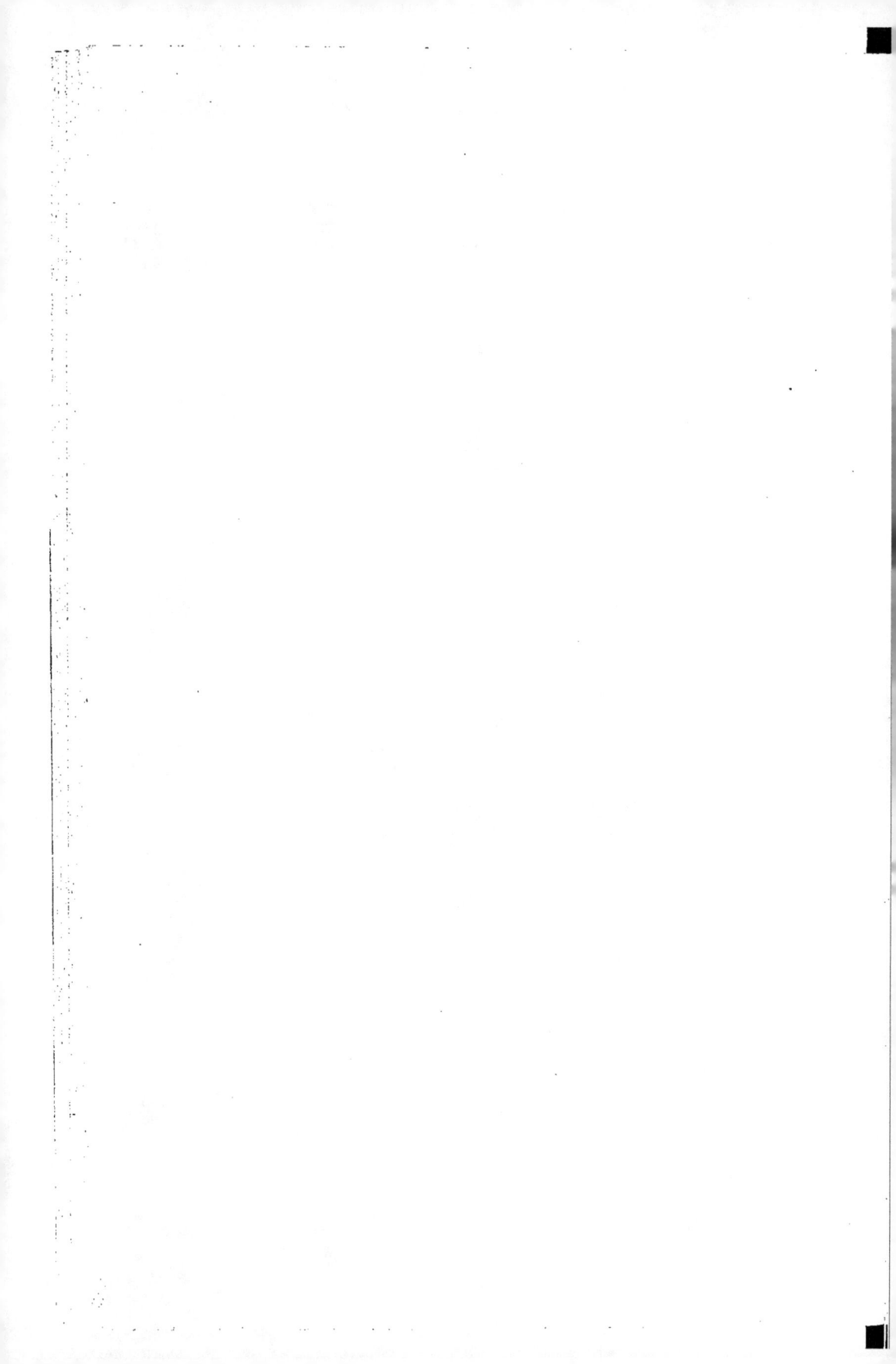

FERS A T DOUBLES DE 0ᵐ100 0ᵐ120 0ᵐ140 ET 0ᵐ160 DE HAUTEUR.

Toutes les épaisseurs et tous les poids peuvent être variables et la entrée les dimensions.

Nº 1.

2.

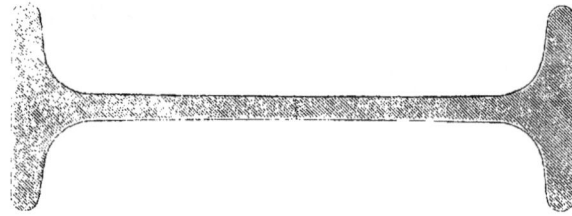

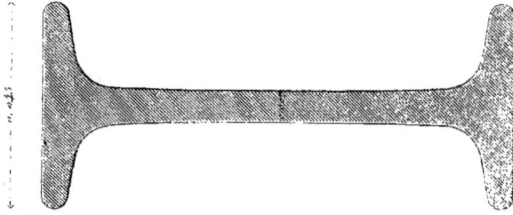

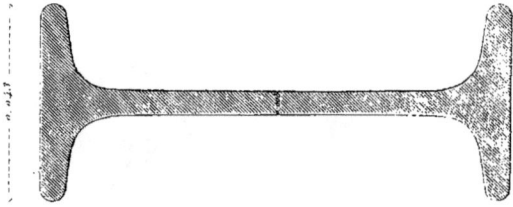

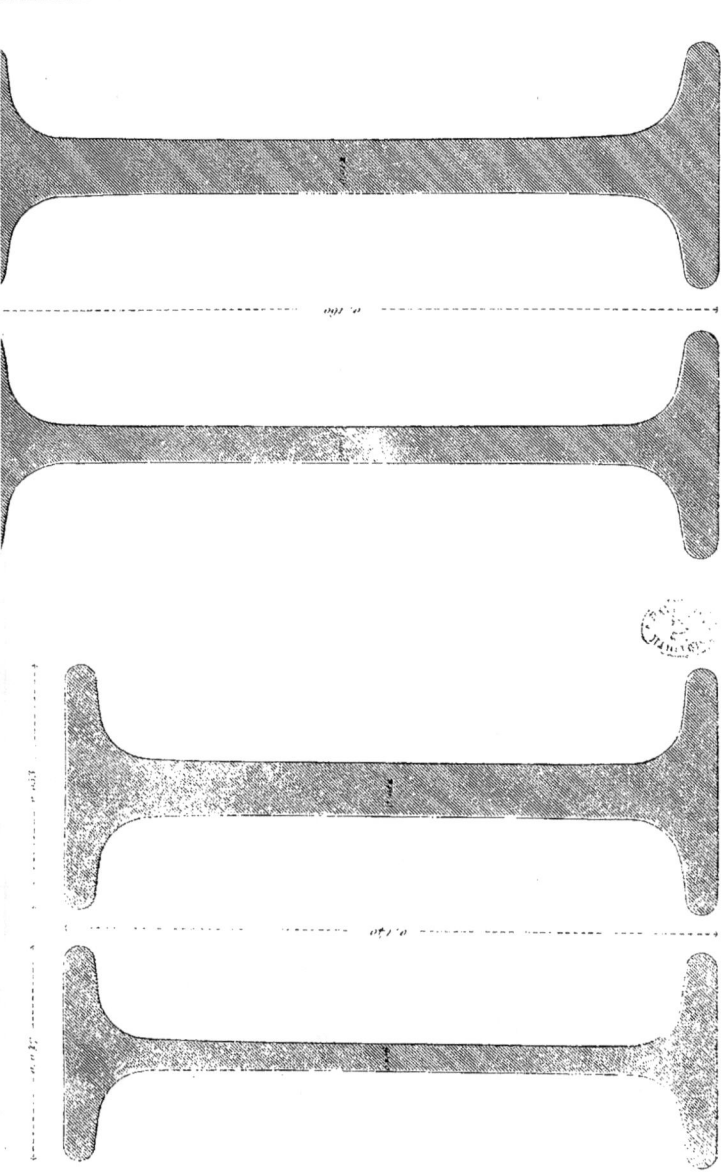

Pl. 25.

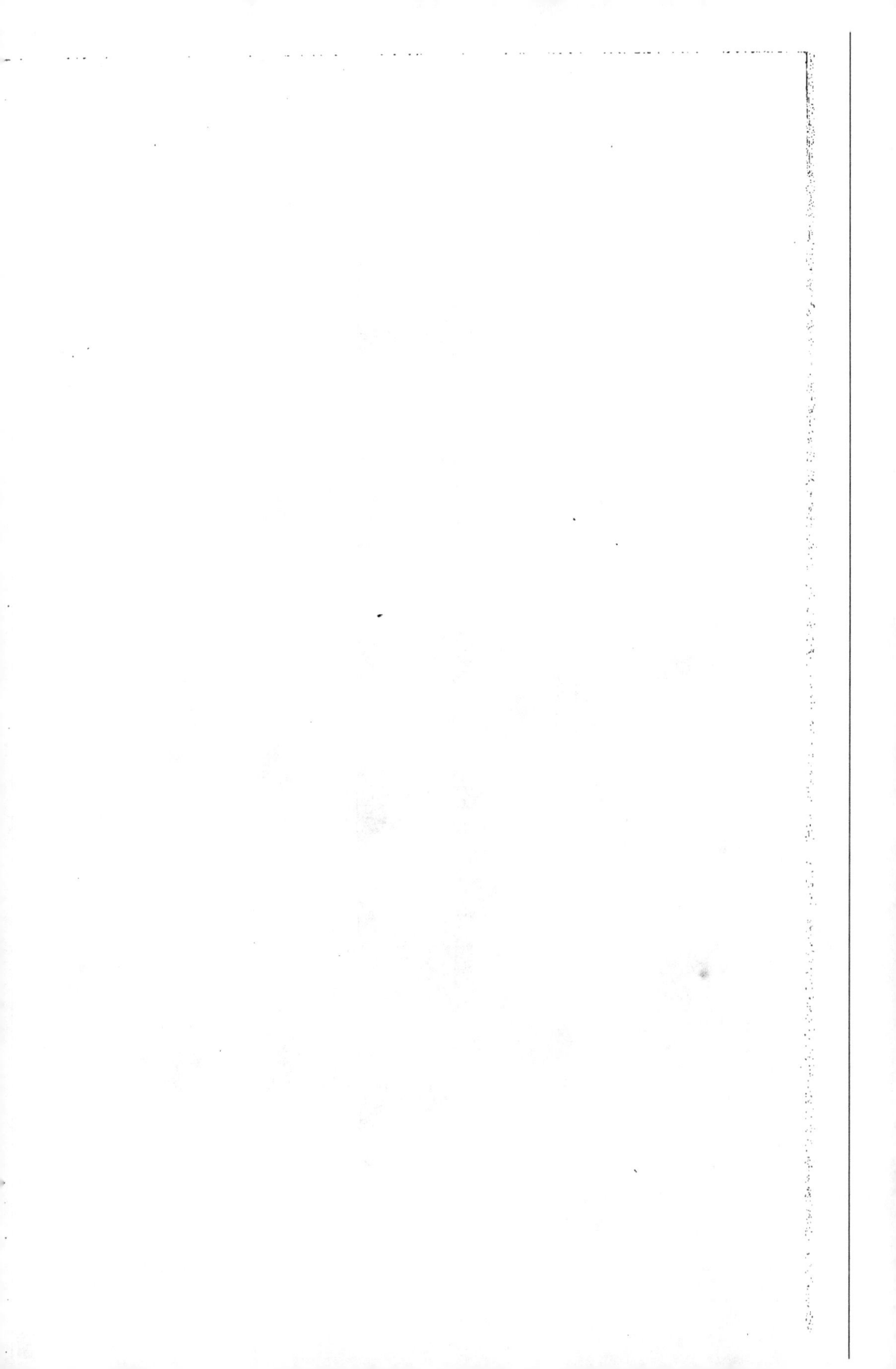

FERS A RAMPES ET A MAINS-COURANTES.

On peut augmenter les épaisseurs de 1 à 2 ᵐ/ₘ

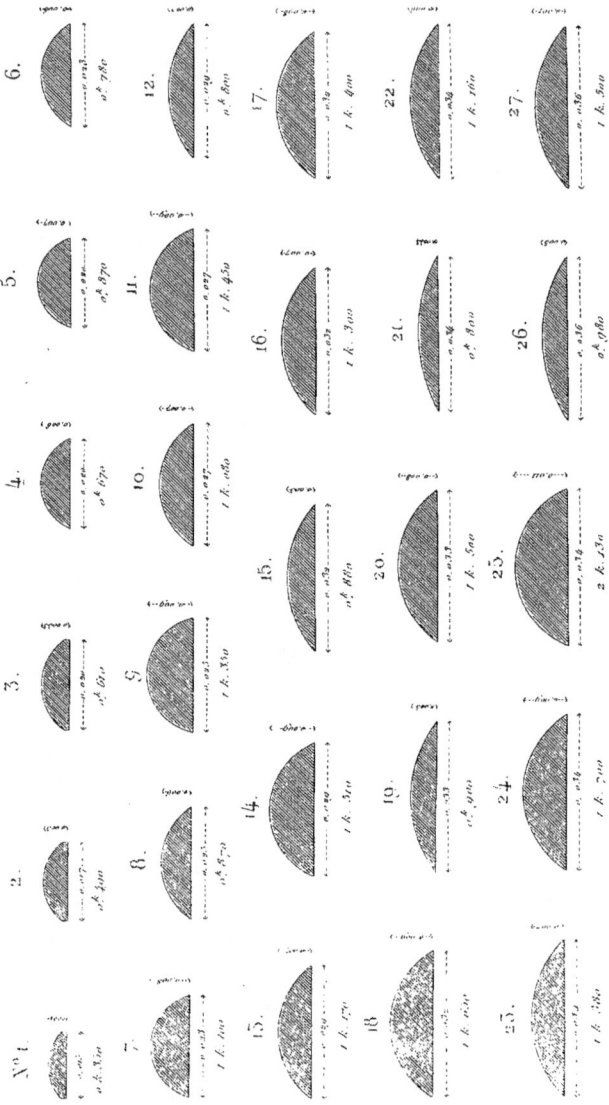

Pl. 26.

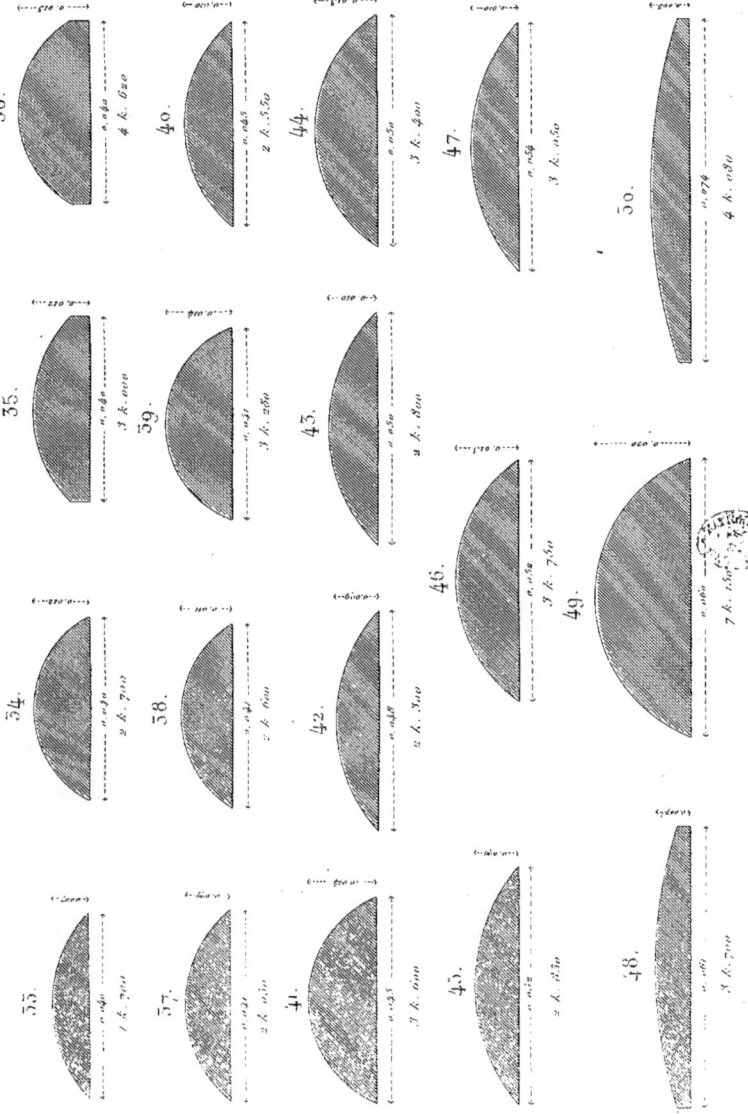

PLUS DEMI-RONDS A RAMPES ET A MAINS-COURANTES.

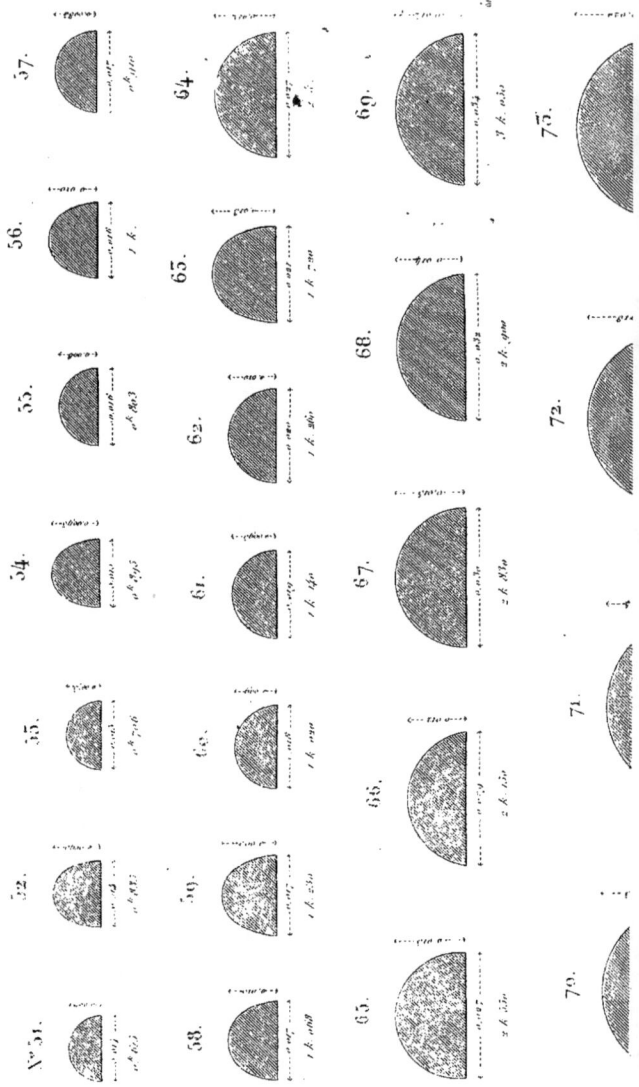

No 31.   32.   33.   34.   35.   36.   37.

38.   39.   60.   61.   62.   63.   64.

63.   66.   67.   68.   69.

70.   71.   72.   73.

Pl. 27.

FERS A BARREAUX DE GRILLES, BANDAGES ET FERS TRIANGULAIRES.

Barreaux de grilles façonnés de toutes grandeurs.

TOSCAN.   DORIQUE.

Fig. 1.

Fig. 2.

L'Entrecolonnement est
de 4 modules *5
et l'entr'axe des Colonnes
est de 6 modules *3

L'Entrecolonnement est
de 5 modules 12
et l'entr'axe
de 7 modules 12

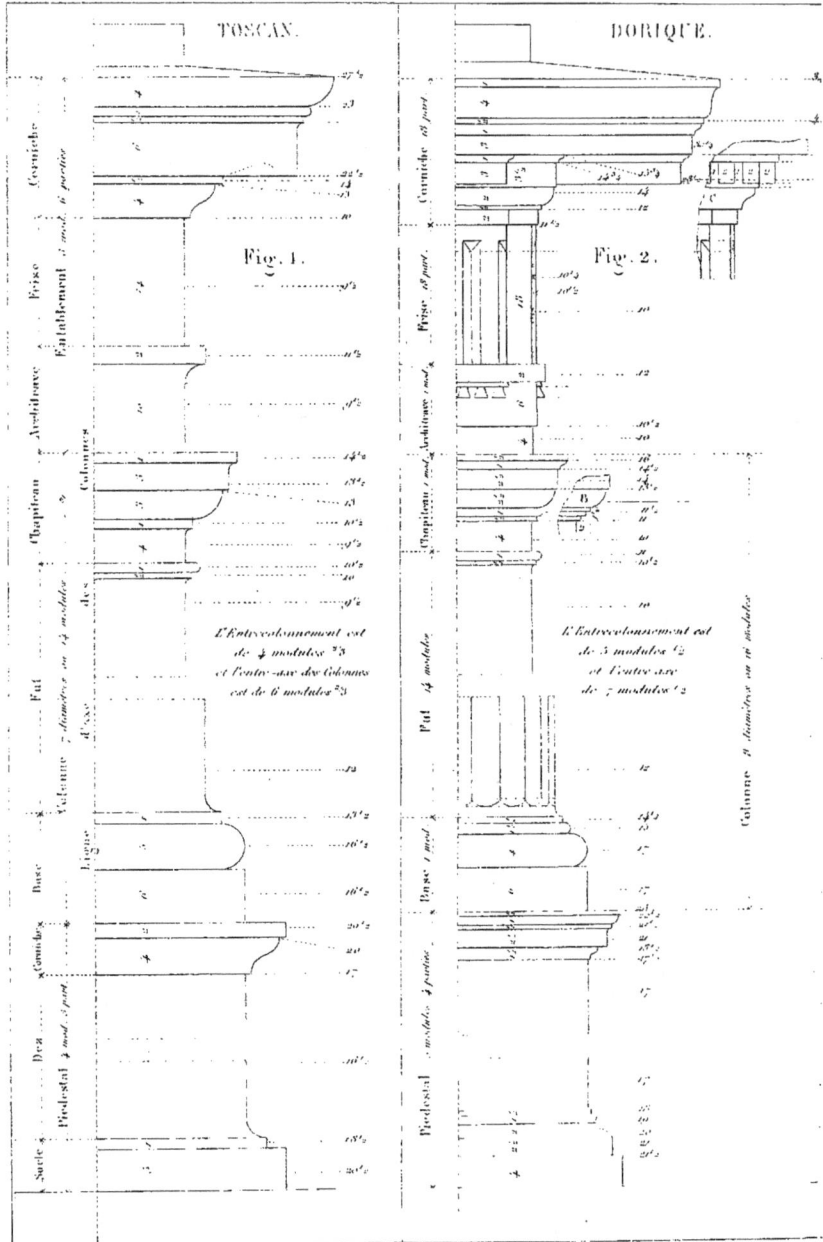

Ath.se Bataille, arch. 1858.

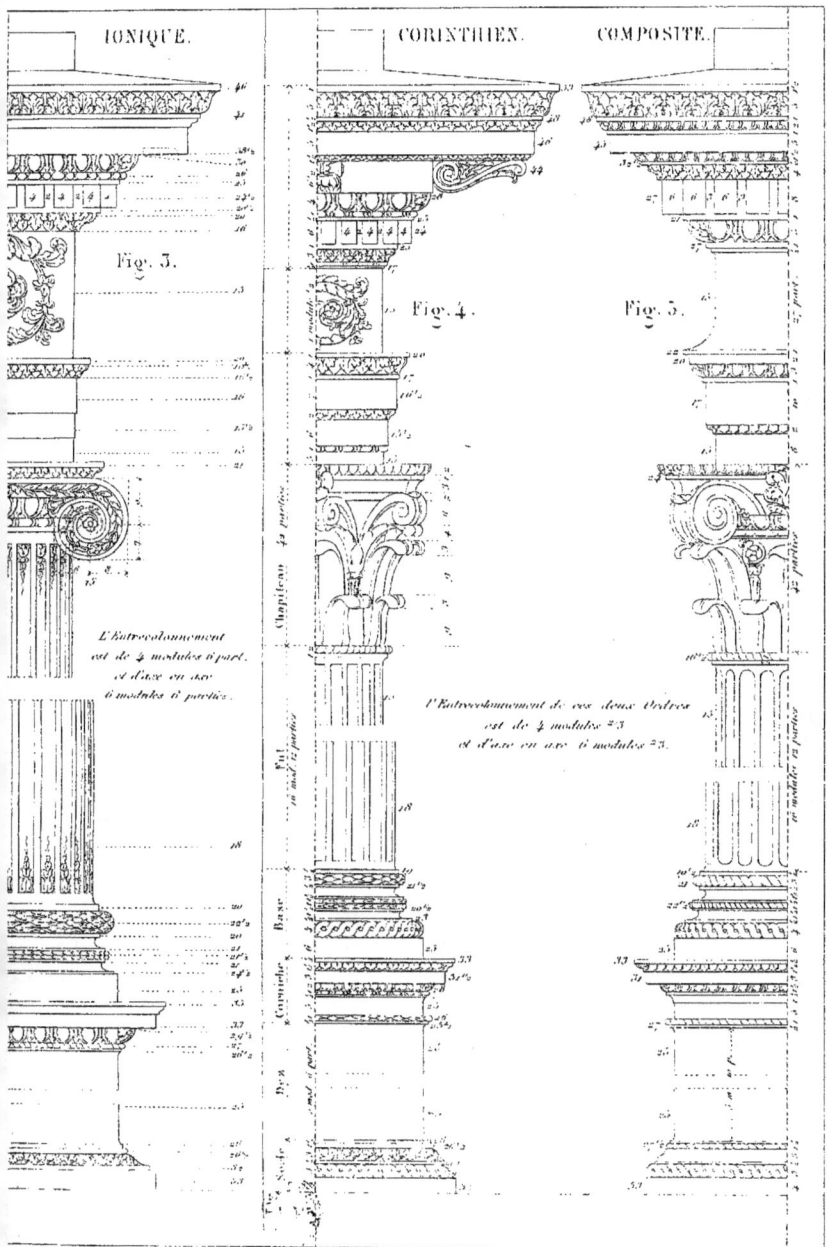

IONIQUE.   CORINTHIEN.   COMPOSITE.

Fig. 3.

Fig. 4.

Fig. 5.

L'Entrecolonnement
est de 4 modules 6 part.
et d'axe en axe
6 modules 6 parties.

L'Entrecolonnement de ces deux Ordres
est de 4 modules ⅔
et d'axe en axe 6 modules ⅔.

Martin sc.

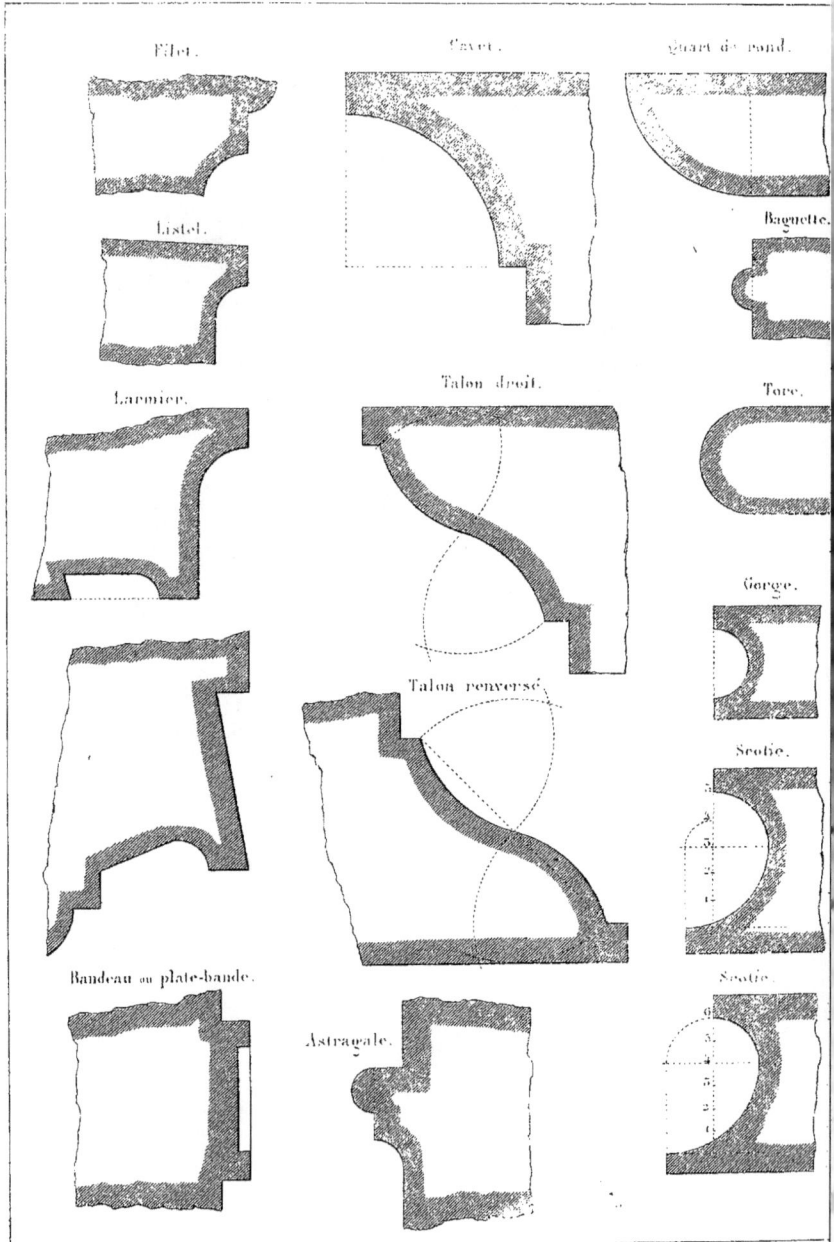

Filet.

Cavet.

quart de rond.

Listel.

Baguette.

Larmier.

Talon droit.

Tore.

Gorge.

Talon renversé.

Scotie.

Bandeau ou plate-bande.

Astragale.

Scotie.

Bec de Corbin.

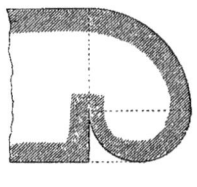

Bec de Corbin.

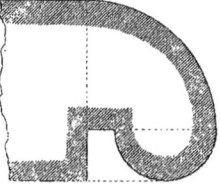

Bec de Corbin.

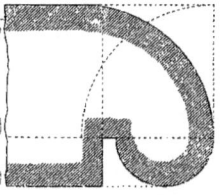

Bec de Corbin.

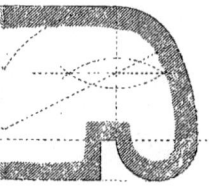

Bec de Corbin.

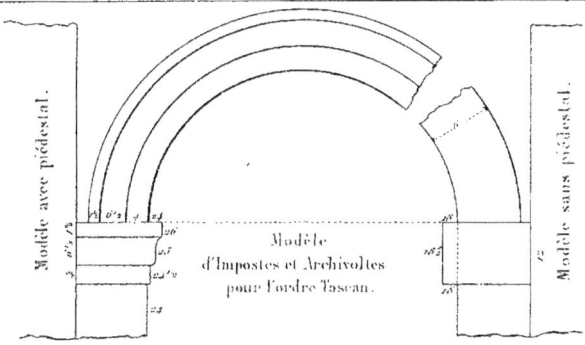

Modèle
d'Impostes et Archivoltes
pour l'ordre Toscan.

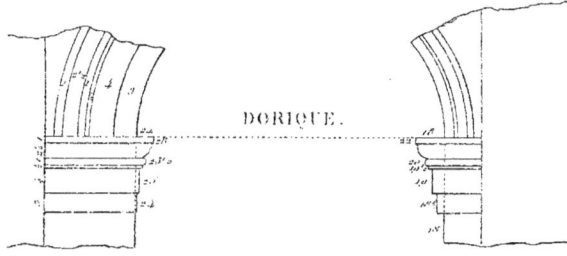

DORIQUE.

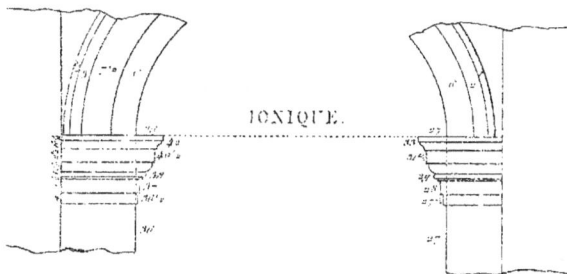

IONIQUE.

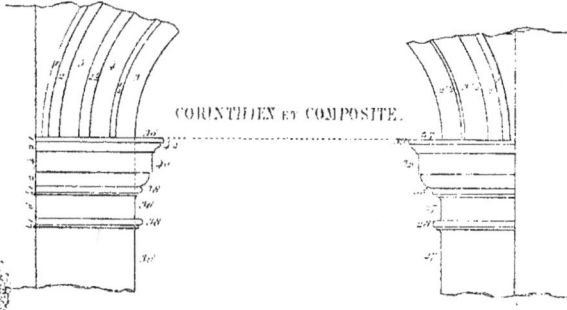

CORINTHIEN et COMPOSITE.

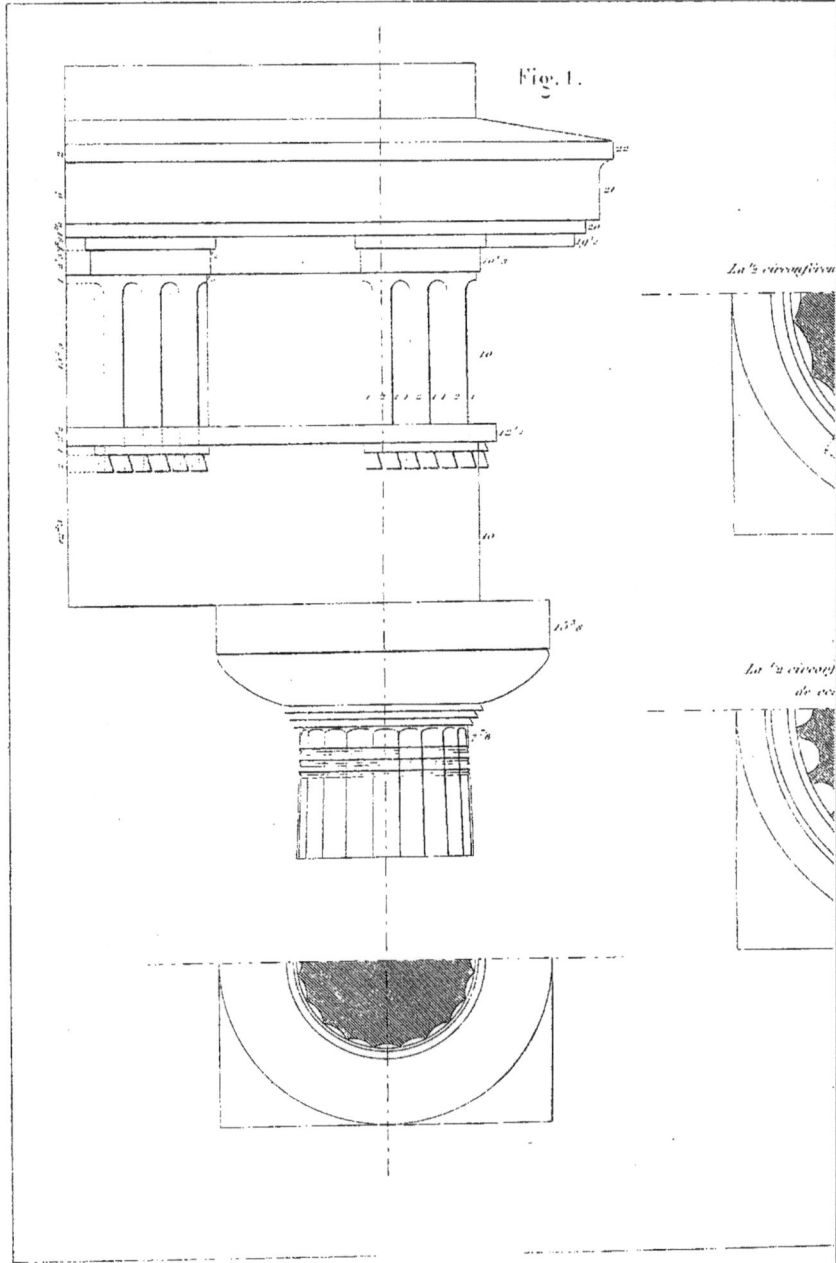

Fig. 1.

La 2 circonféren

La 2 circonf
de ce

Fig. 2.

divisée en 20 dont ⅔ sont la largeur d'une cannelure.

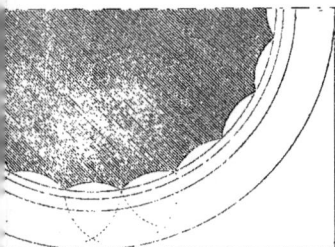

est divisée en 24, un 24ᵉ est divisée en 4 et 3
ex tiennent le diamètre de la cannelure.

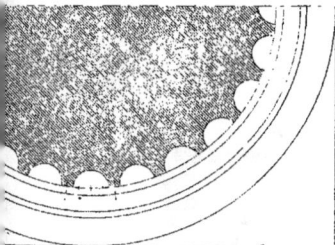

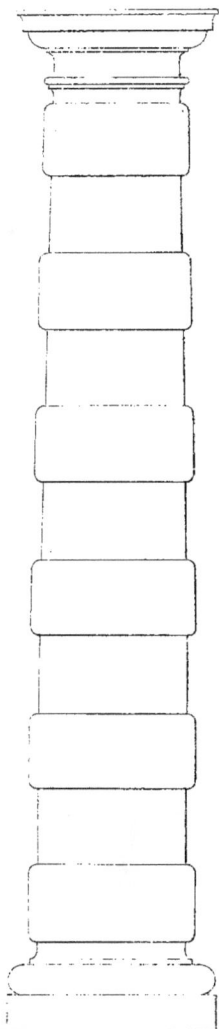

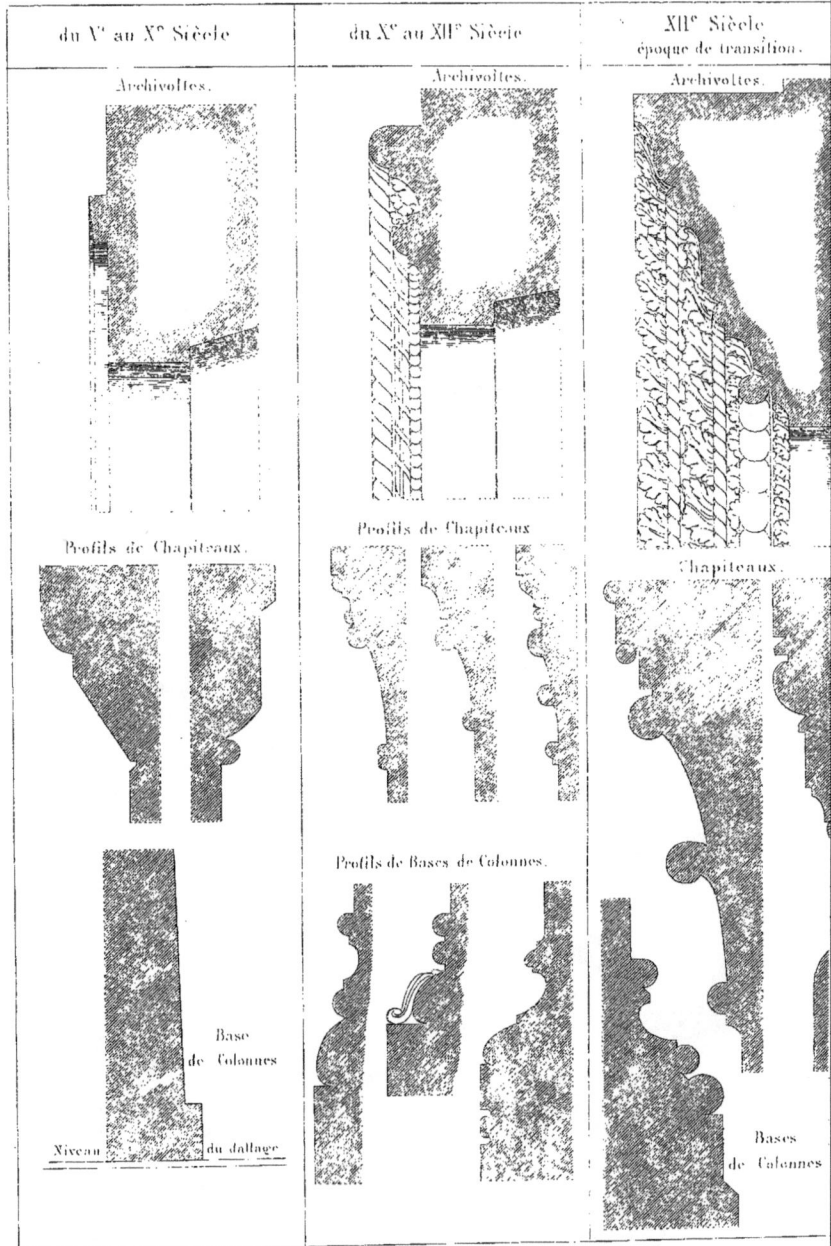

du Ve au Xe Siècle	du Xe au XIIe Siècle	XIIe Siècle époque de transition.
Archivoltes.	Archivoltes.	Archivoltes.

Profils de Chapiteaux.

Profils de Chapiteaux

Chapiteaux.

Profils de Bases de Colonnes.

Base
de Colonnes

Niveau du dallage

Bases
de Colonnes

Athe. Bataille, arch. 1858.

XIIIᵉ Siècle.	XIVᵉ Siècle.	XVᵉ et XVIᵉ Siècles.

Bandeaux et Corniches.

Archivoltes.

Archivoltes.

Archivoltes.

Chapiteaux.

Chapiteaux.

Bandeau

Bases

Bandeaux et Corniches.

Profils divers.

Marlier sc.

PLAN DES FOUILLES

Ath.ᵉ Bataille, arch. 1858.

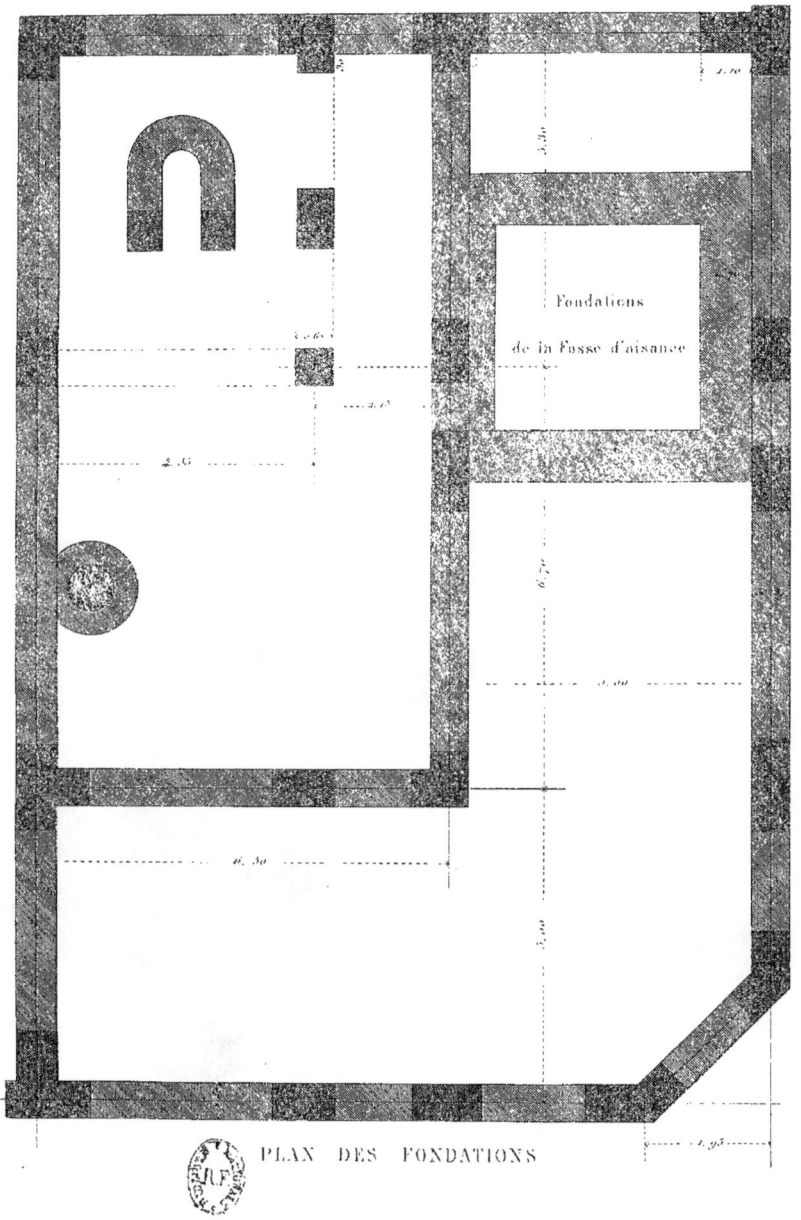

Fondations

de la fosse d'aisance

PLAN DES FONDATIONS

Maclier sc.

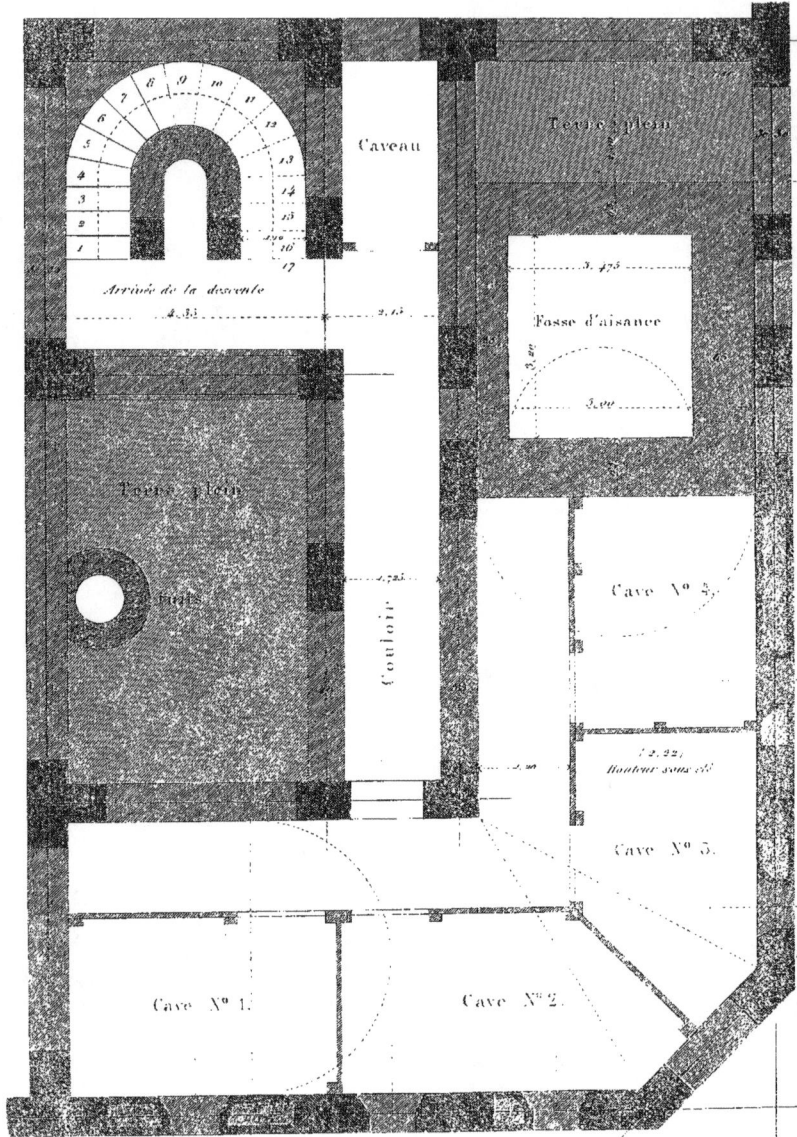

Caveau

Terre-plein

7 8 9 10 11
6
5
4
3
2
1
13
13
14
15
16
17

Arrivée de la descente

4.55

2.15

3. 475

Fosse d'aisance

3.00

3.90

Terre-plein

Puits

Couloir

1.725

2.22
Hauteur sous clé

Cave Nº 4.

Cave Nº 3.

Cave Nº 1.

Cave Nº 2.

PLAN DES CAVES.

Adr.ᵉ Bataille, arch. del.

Terre plein

Terre plein

Hauteur entre plancher

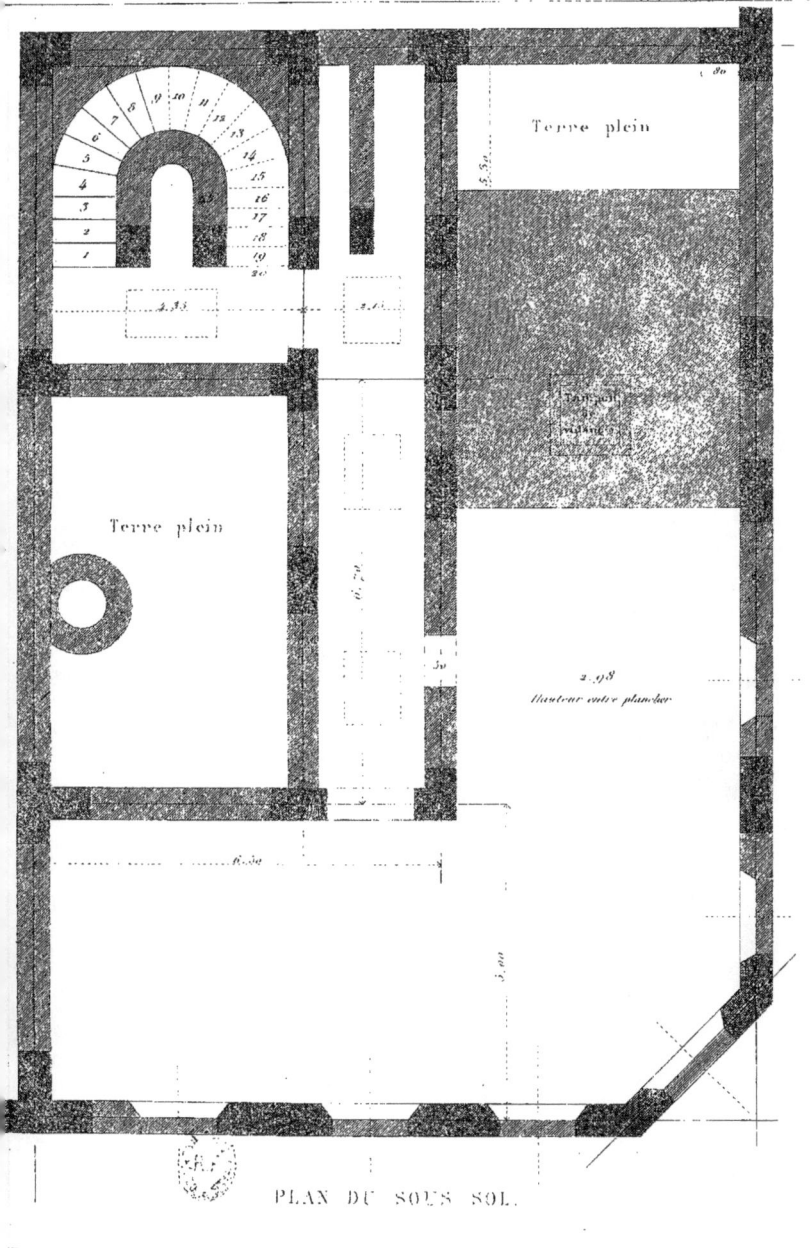

PLAN DU SOUS SOL.

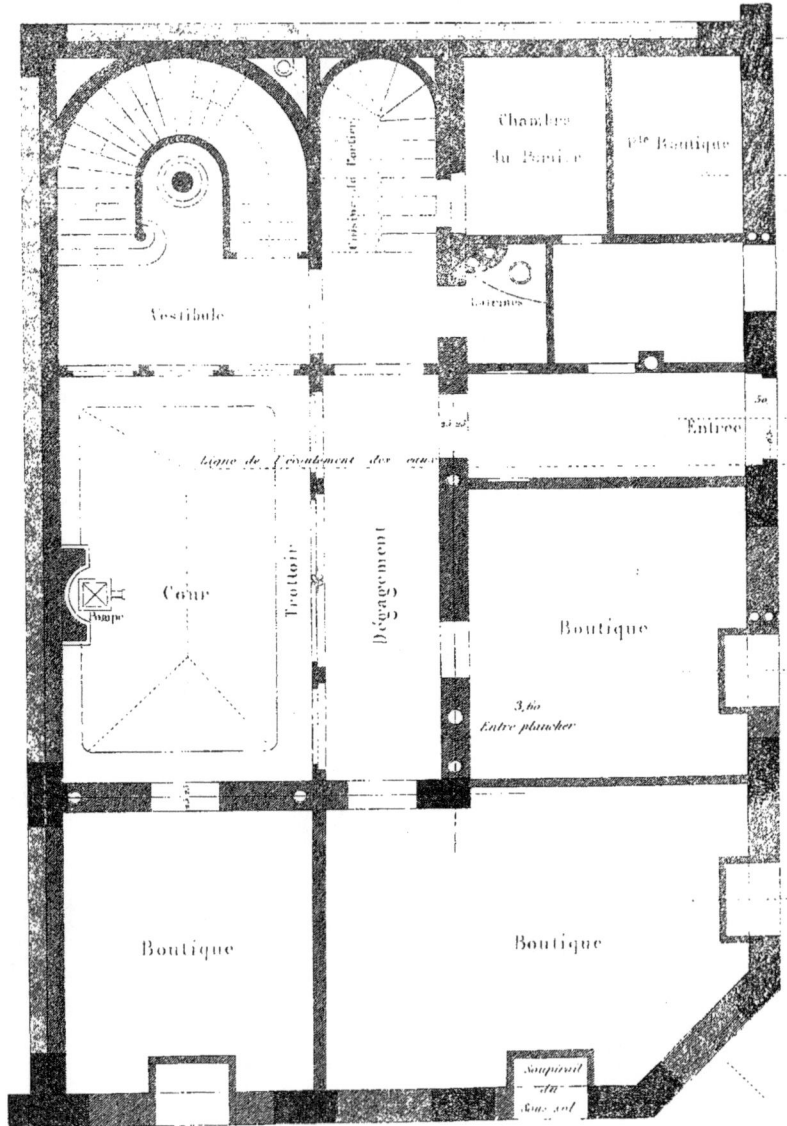

Vestibule

Chambre
du Portier

P.te Boutique

Latrines

Entrée

Ligne de l'écoulement des eaux

Cour

Trottoir

Dégagement

Pompe

Boutique

3 bis
Entre plancher

Boutique

Boutique

Soupirail
du
Sous-sol

PLAN DU REZ-DE-CHAUSSÉE.

Ath.ie Bataille, arch. del.

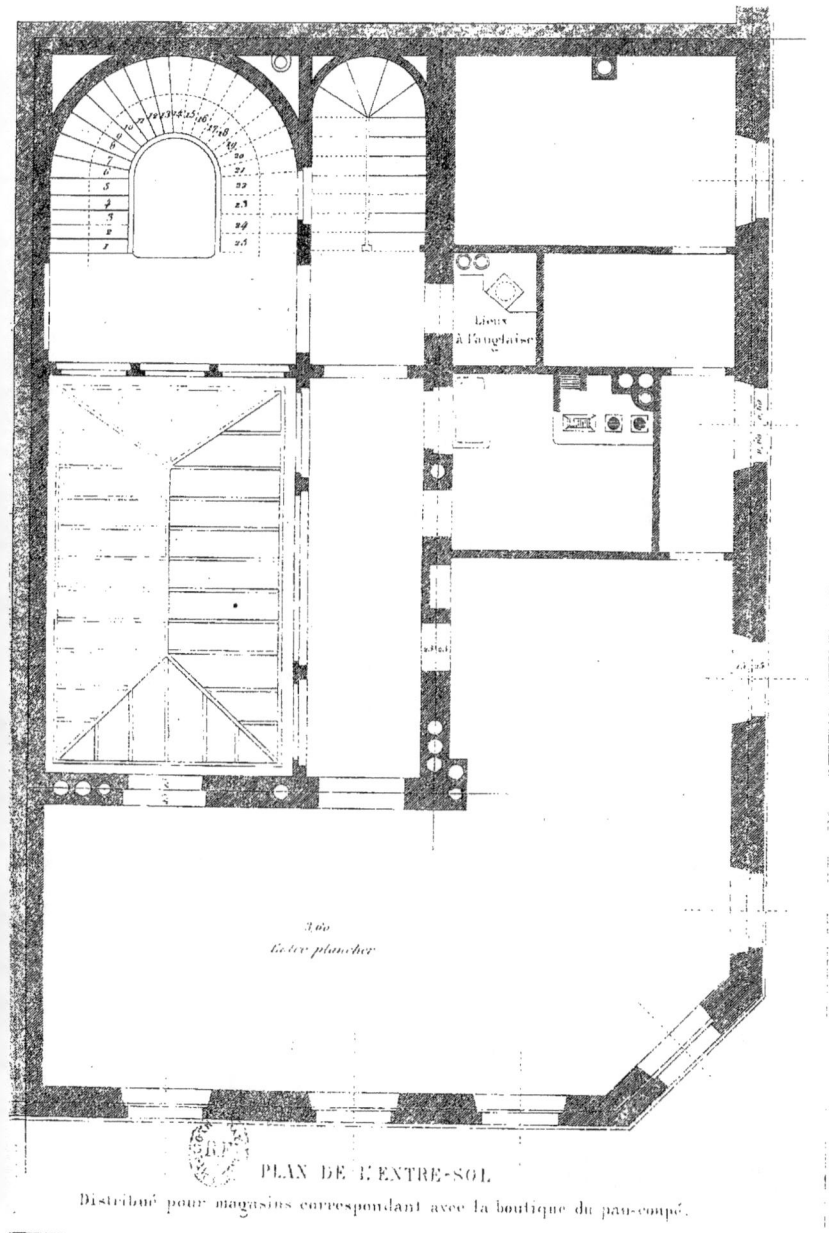

Lieux
à l'anglaise

3.60
Le 1er plancher

PLAN DE L'ENTRE-SOL
Distribué pour magasins correspondant avec la boutique du rez-de-chaussé.

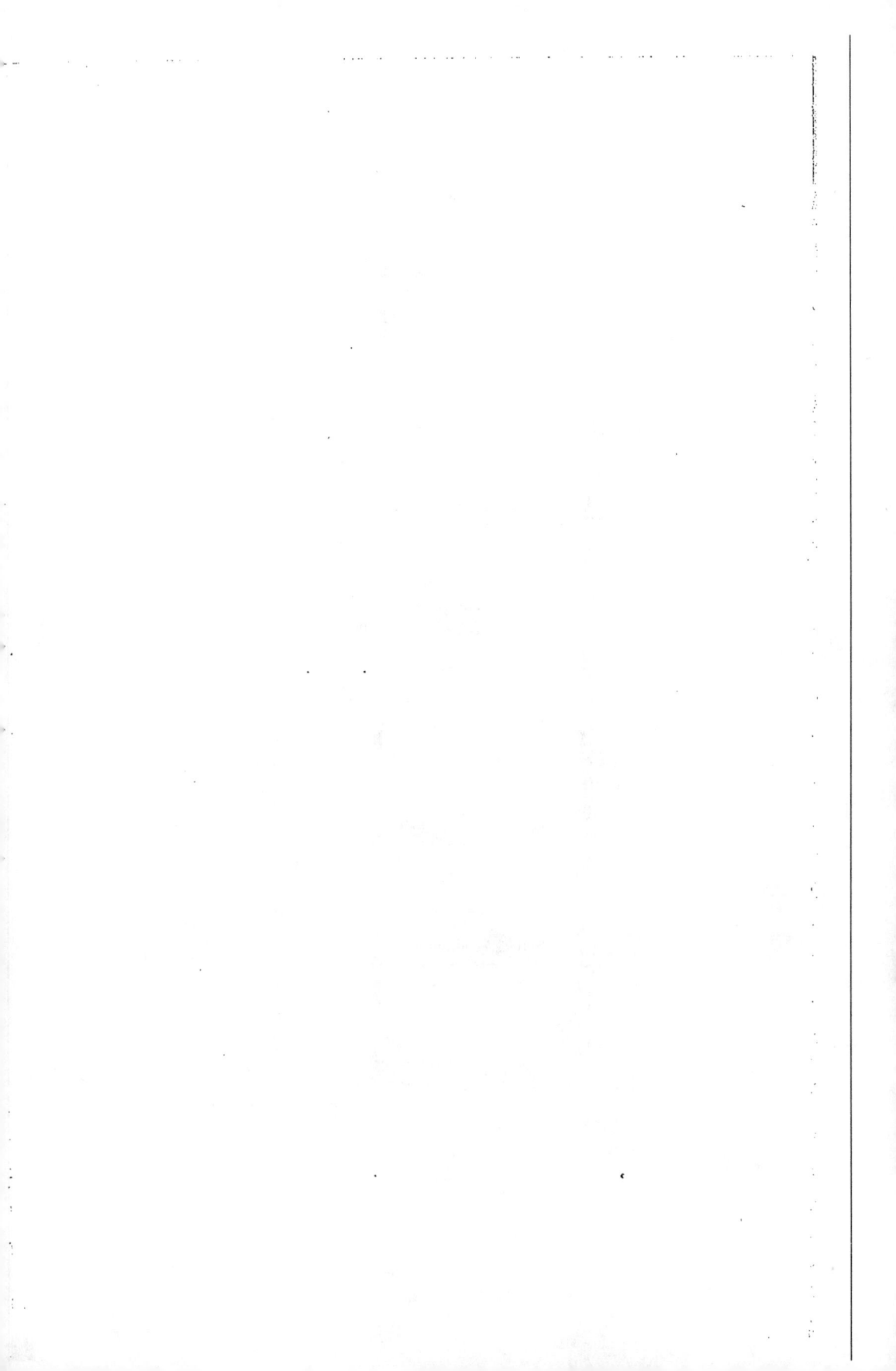

Mur   mitoyen

Chambre d'enfans

Chambre
de Femmes
de chambre

Armoire

Grand Escalier   Escalier   Anglaises
de service   Armoire

Cour

Château

Cuisine

Cour vitrée   Antichambre
le comble est en fer   et

dégagement   Lit

Chambre à coucher
Entre planchers

Salon

Salle à manger

PLAN DU 1ᵉʳ ÉTAGE.

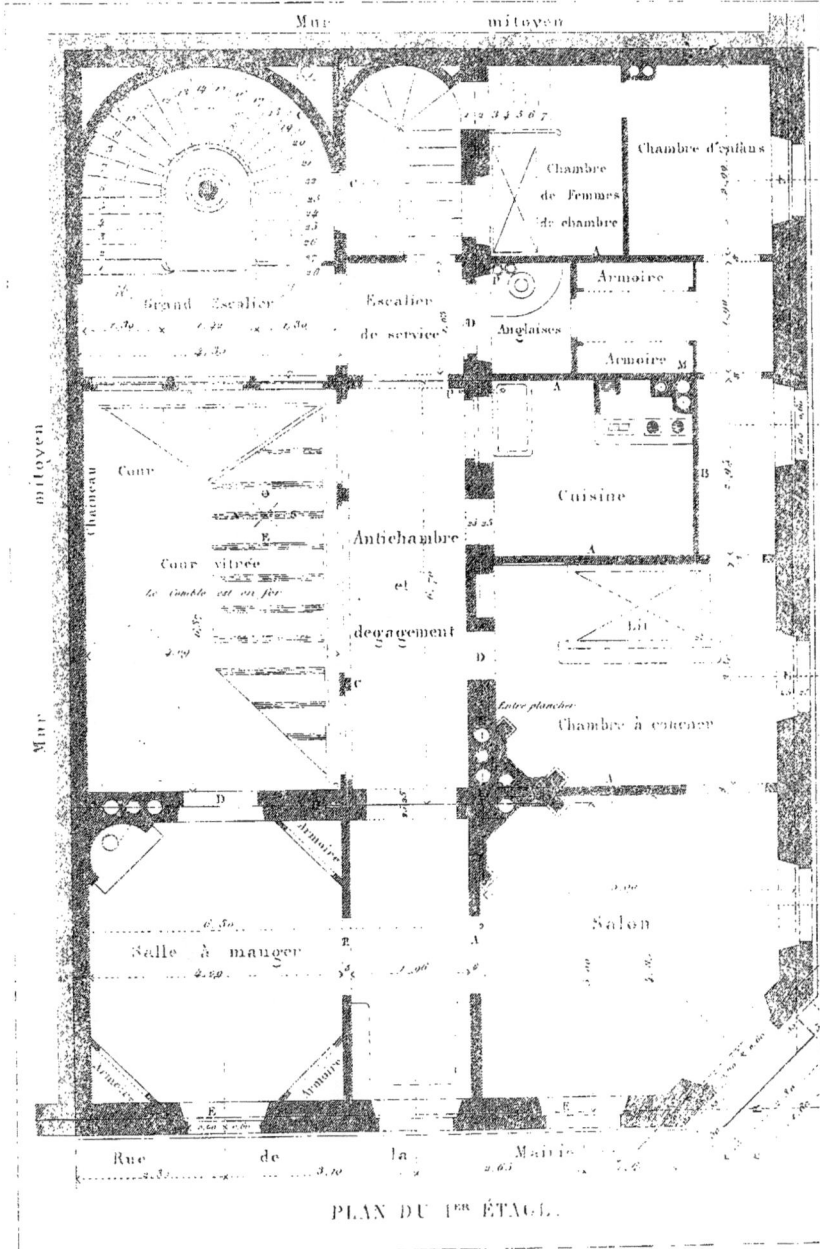

Ath. Bataille arch. del.

Grand Escalier

Escalier
de service

Chambre
de Femme
de chambre

Chmbre ..mans

Armoire

Lieux
à l'anglaise

Armoire

Cuisine

Dégagement

Antichambre

et

dégagement

Chambre à coucher

Salle à manger

Salon

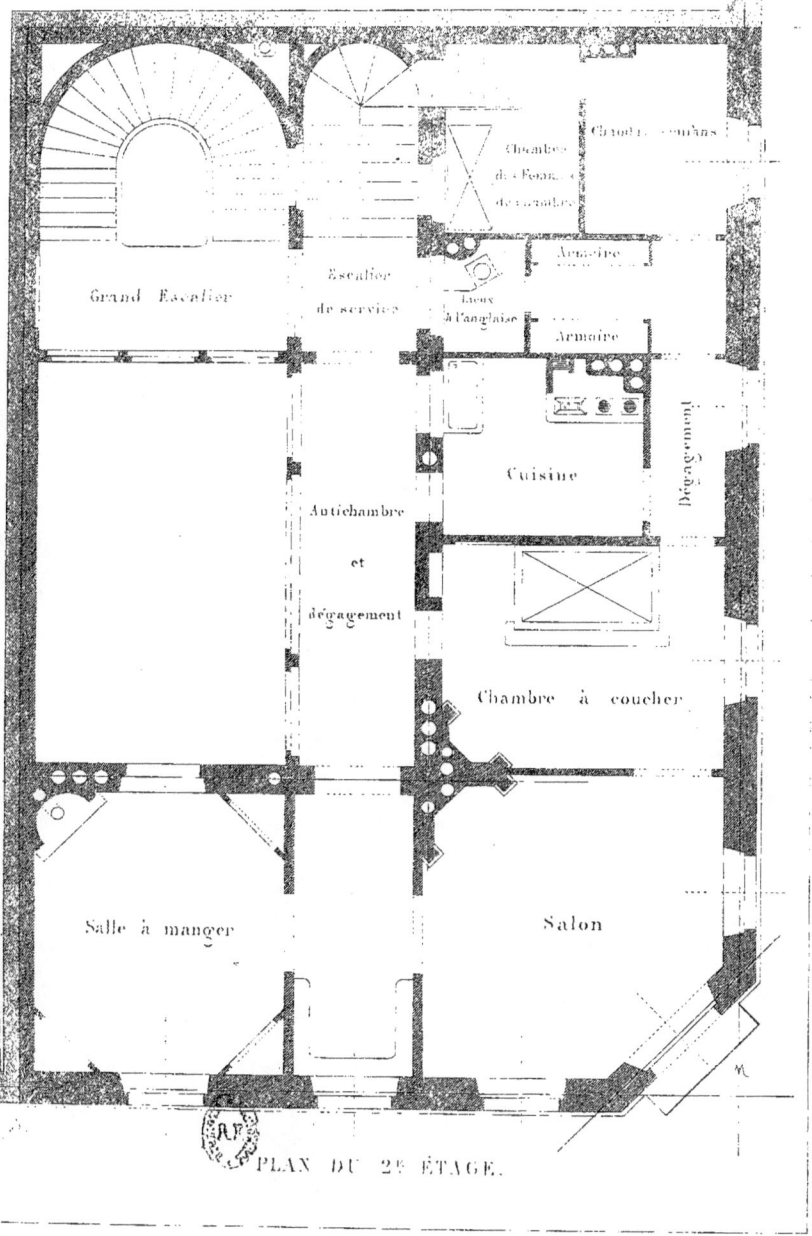

PLAN DU 2ᵉ ÉTAGE.

Marlier sc.

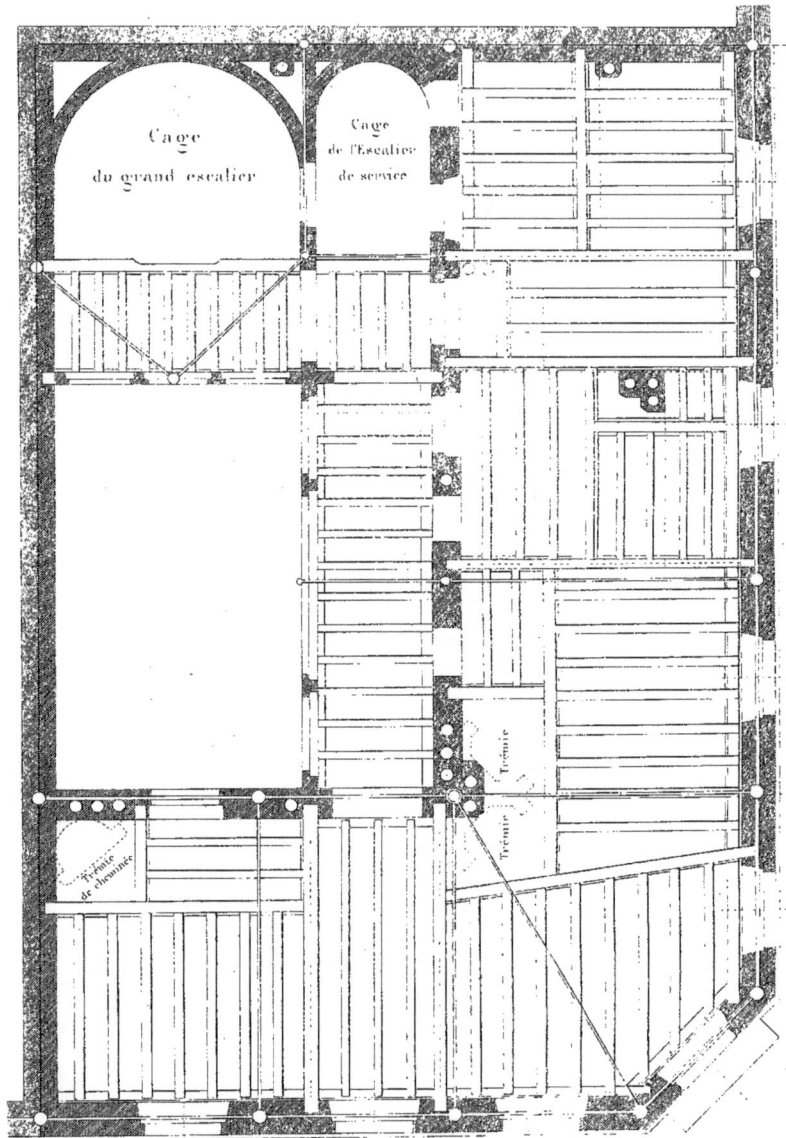

Cage
du grand escalier

Cage
de l'Escalier
de service

Trémie
de cheminée

Trémie

Trémie

PLANCHER AU 1ᵉᴿ ÉTAGE
et son chaînage pour relier les murs et les pans de bois entr'eux.

Alb.ᵈ Bataille, arch. del.

Mur   mitoyen

Lanterne éclairant
le grand escalier.

Mur mitoyen

Cour

Chainette, position désirant des eaux sur le mur

Saillie de l'entablement

Lucarne donnant sur la rue

Chenau
de comble

Lucarne

Chassis des Combles
pour éclairer les chambres
des domestiques.

Lucarne   Ligne en arriere   du mur

Chaineau

Nu du mur hors œuvre
Saillie de l'entablement

PLAN DU DESSUS DES COMBLES.

Mathet sc.

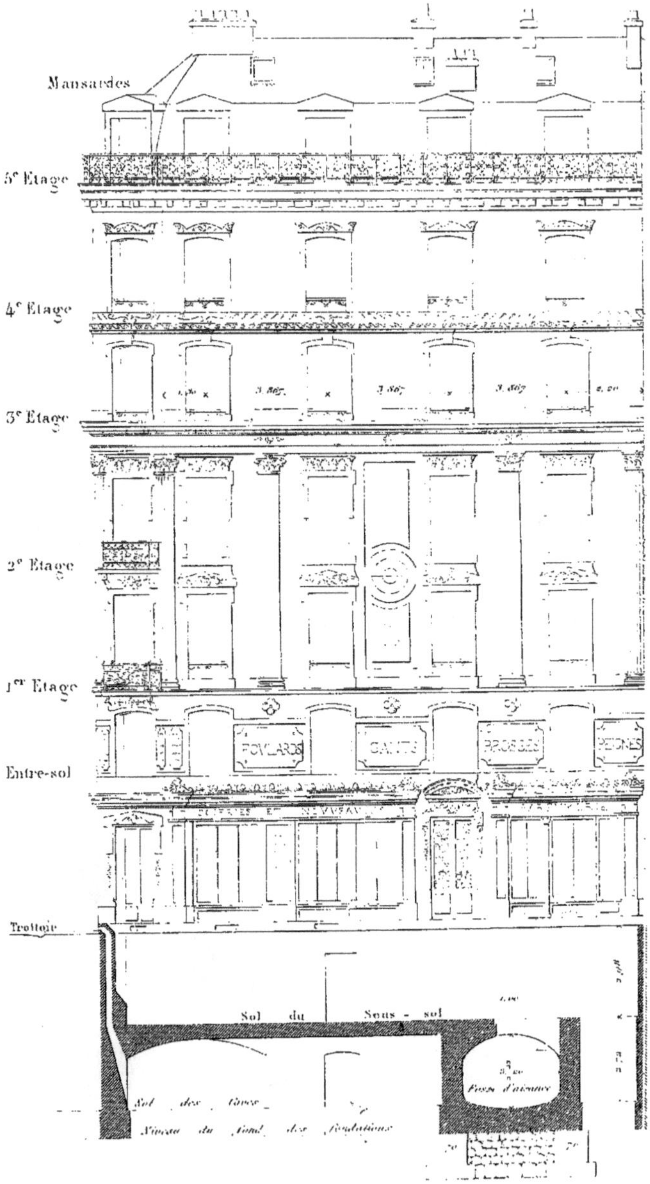

Mansardes

5ᵉ Étage

4ᵉ Étage

3ᵉ Étage

2ᵉ Étage

1ᵉʳ Étage

Entre-sol

Trottoir

Sol du Sous-sol

Sol des Caves

Niveau du fond des fondations

Fosse d'aisance

Ath.ᵉ Bataille, arch. 1858.

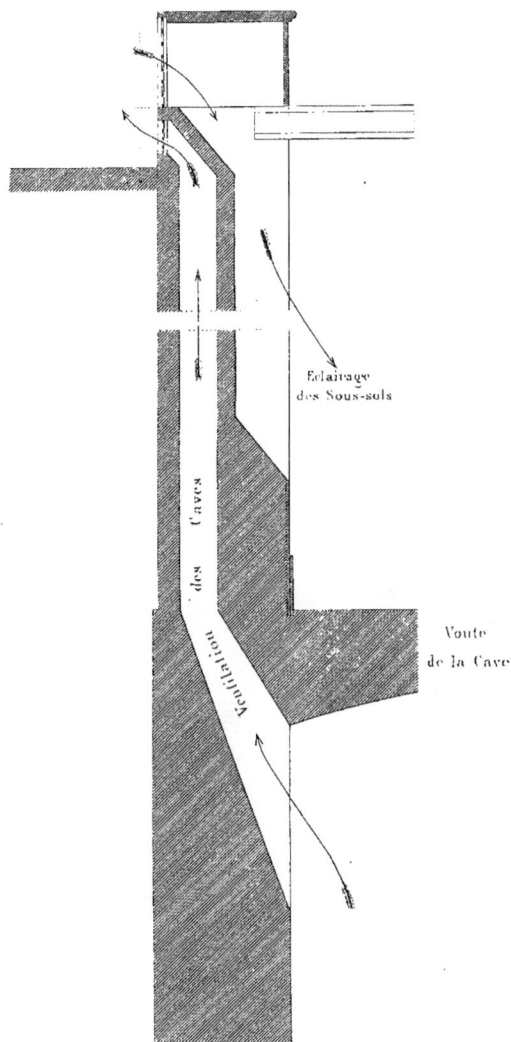

Façade sur la Rue
de l'Echelle.

———

*Voir les Pl. précédentes
pour les détails des Plans.*

Eclairage
des Sous-sols

Voute
de la Cave

Ventilation des Caves

Marhe sc.

La Construction moderne.

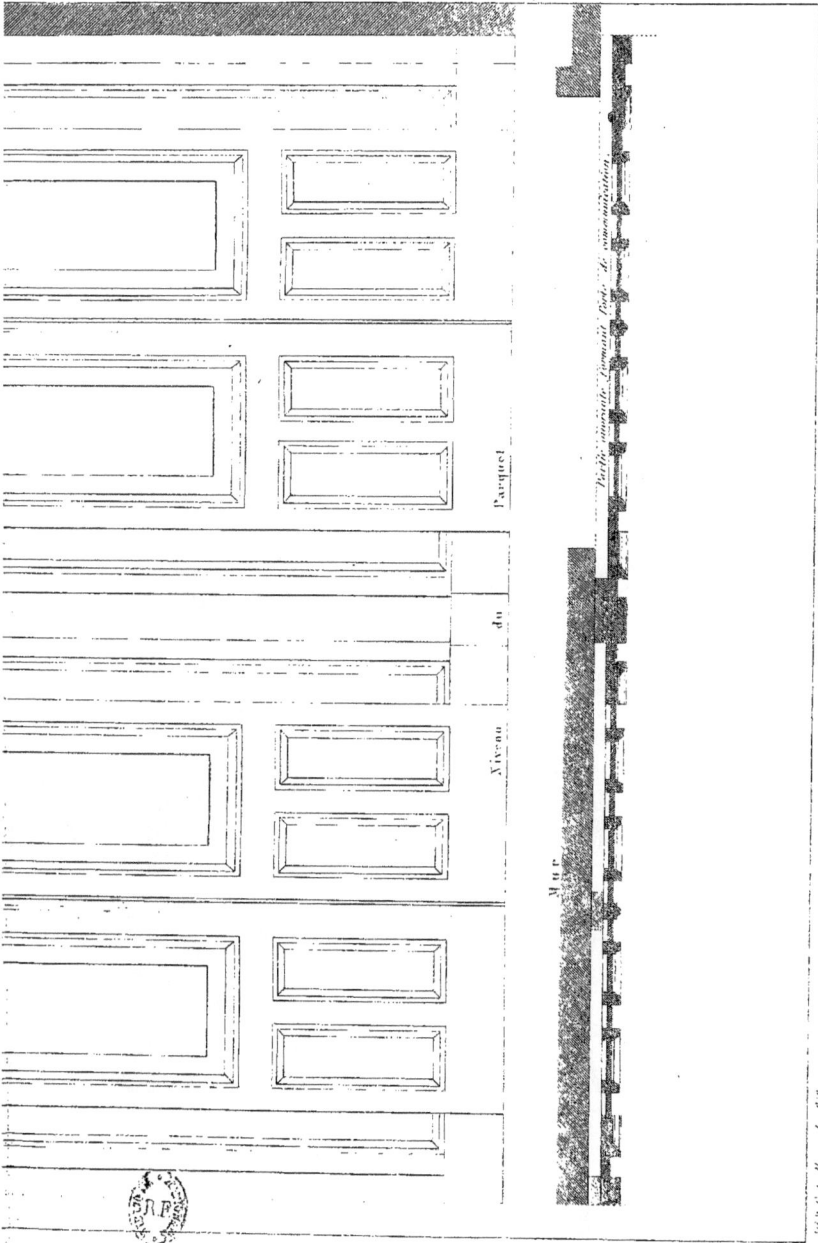

Pl. 38.

Parquet

du

Niveau

Mur

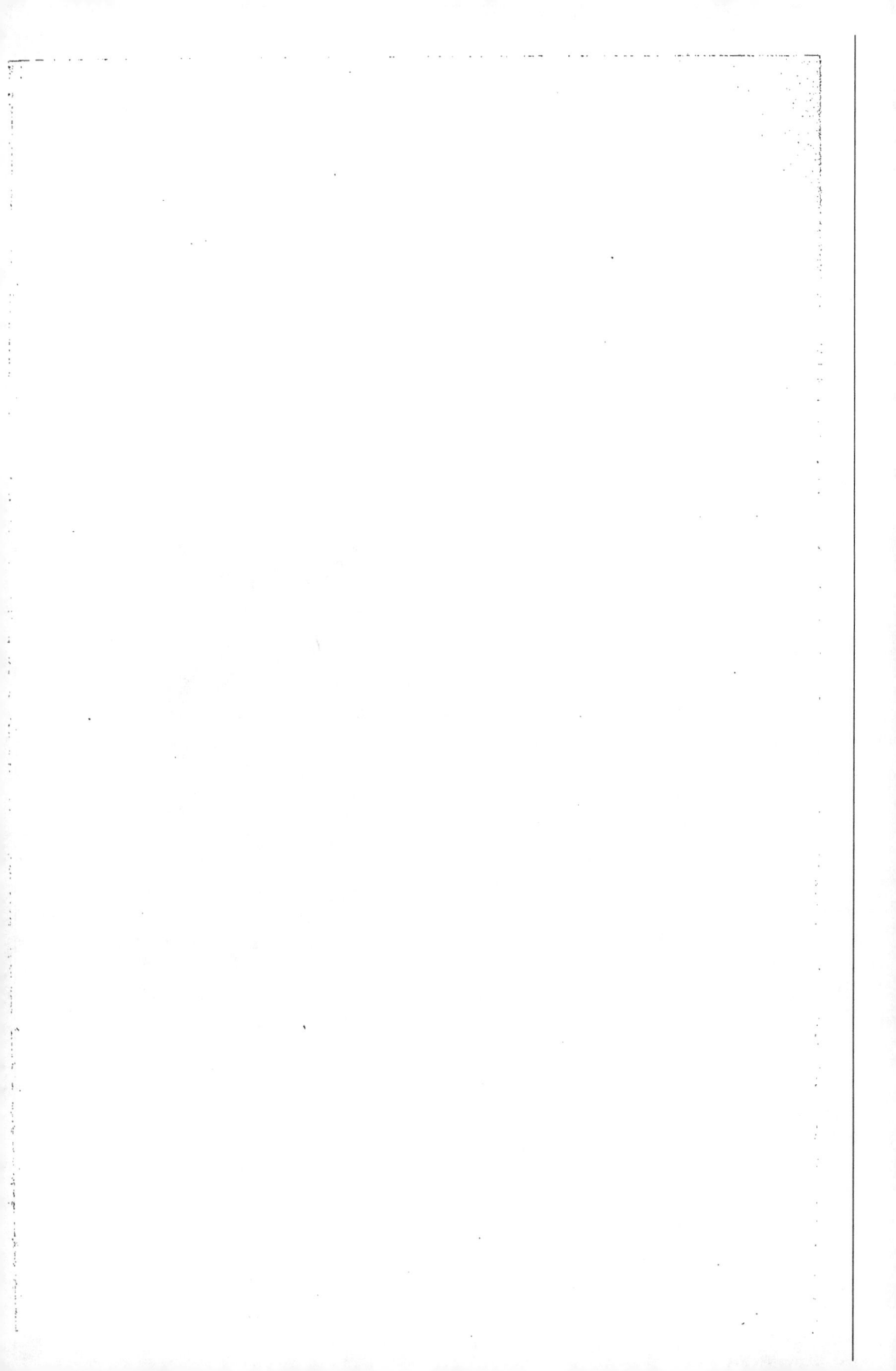

La Construction moderne.

MAISON RUSTIQUE.

Pied-à-terre de Campagne.

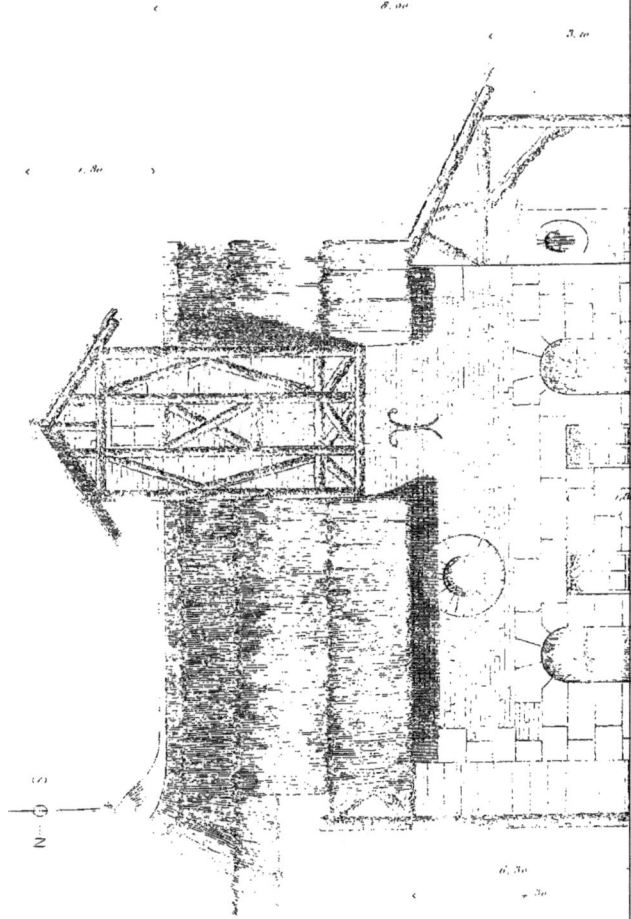

Pl. 39.

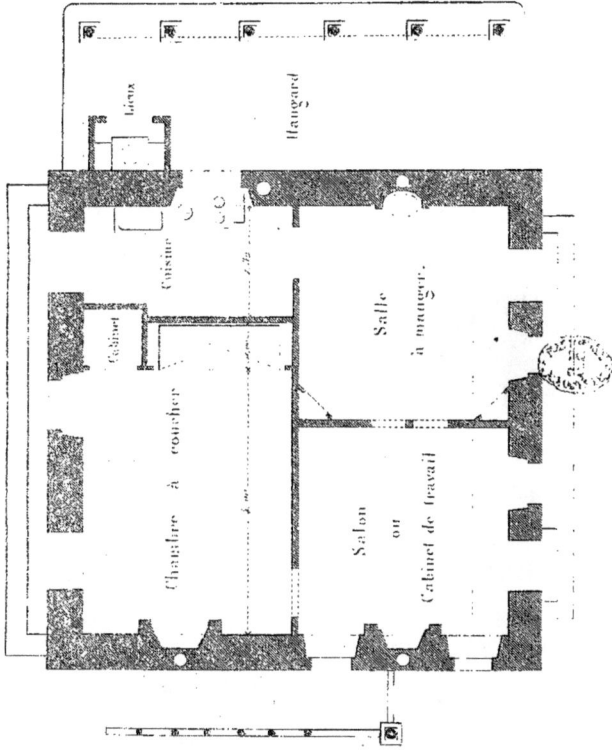

Martin sc.

Mll. Schiatti, arch. 1858.

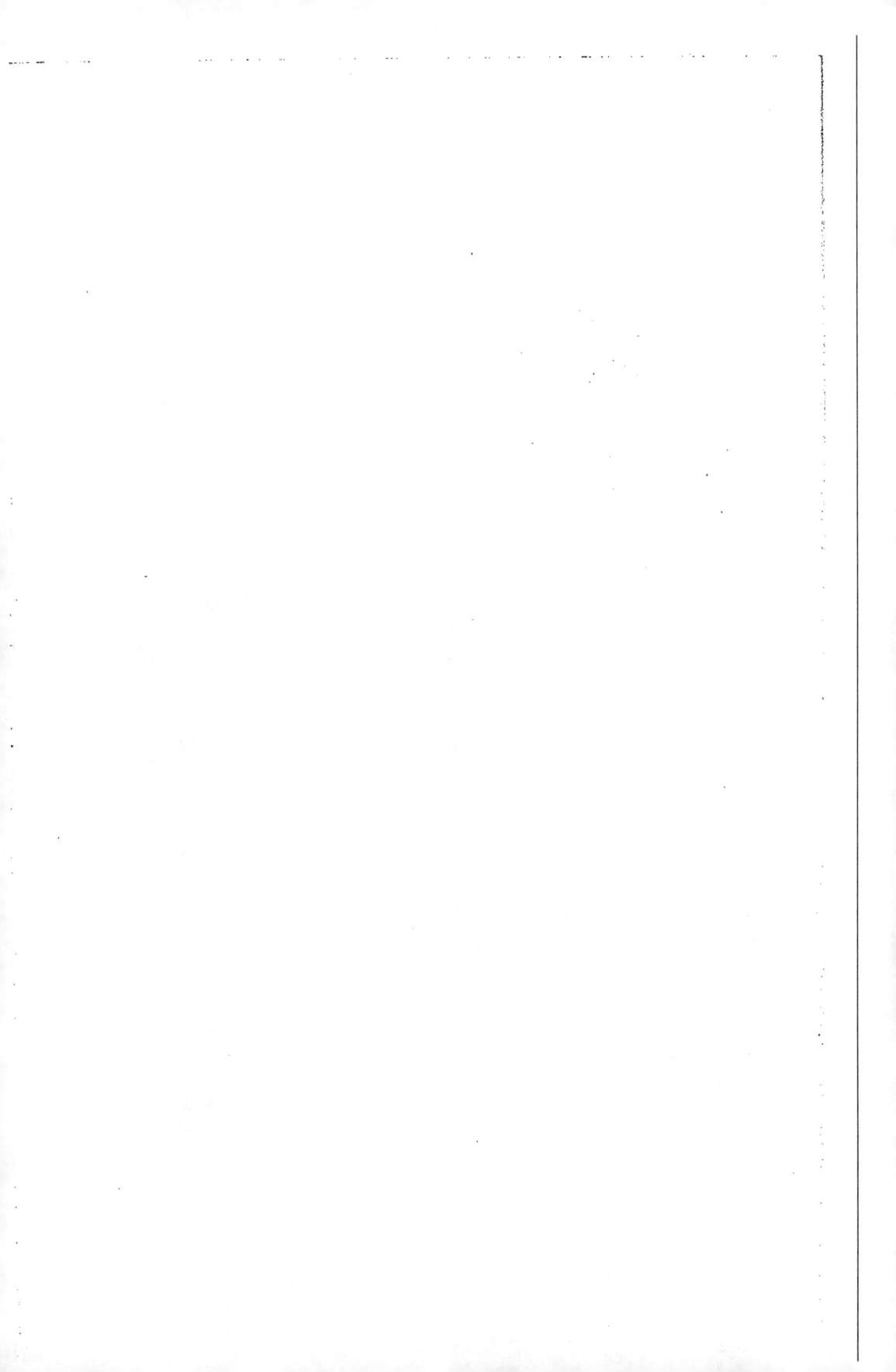

ARCHITECTURE. PLAN D'ENSEMBLE.

MAISON DE CAMPAGNE, GENRE SUISSE. PLAN GÉNÉRAL.

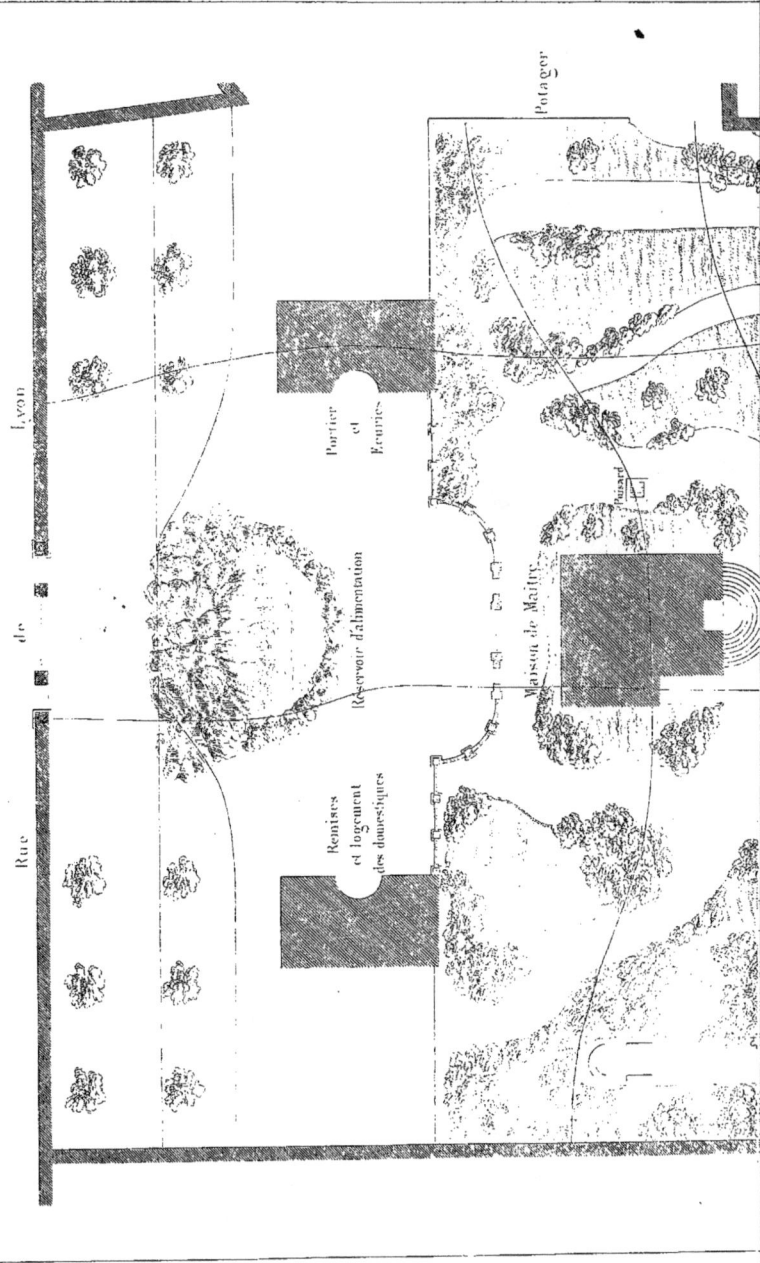

Rue   de   Lyon

Potager

Portier et Écuries

Réservoir d'alimentation

Maison de Maître

Remises et logement des domestiques

Puisard

Muelier sc.

Route départementale

Échelle de

0 mètres.

Ad.te Renaille, arch. 1858.

PLAN DES CUISINES ET DES CAVES.

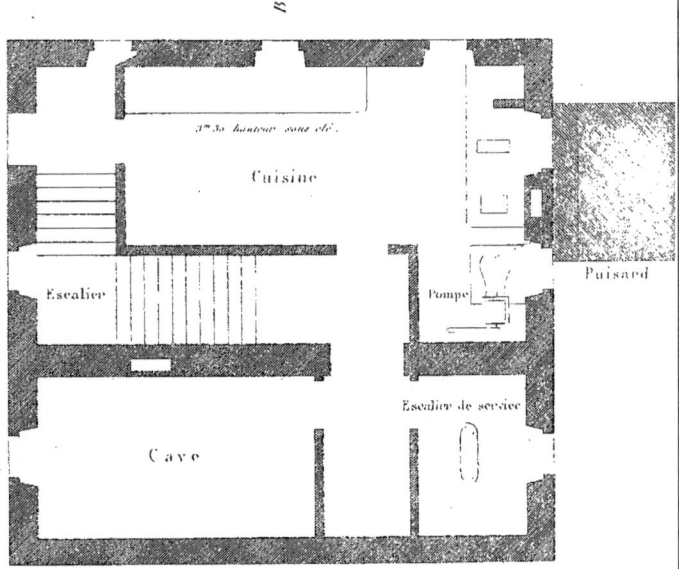

Echelle de 10 m.

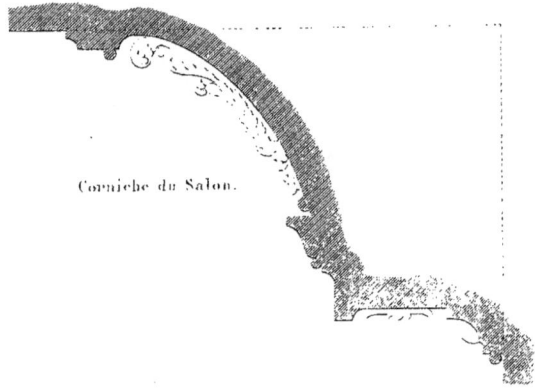

Corniche du Salon.

Ath.º Bataille, arch. 1858.

PLAN DU REZ-DE-CHAUSSÉE.

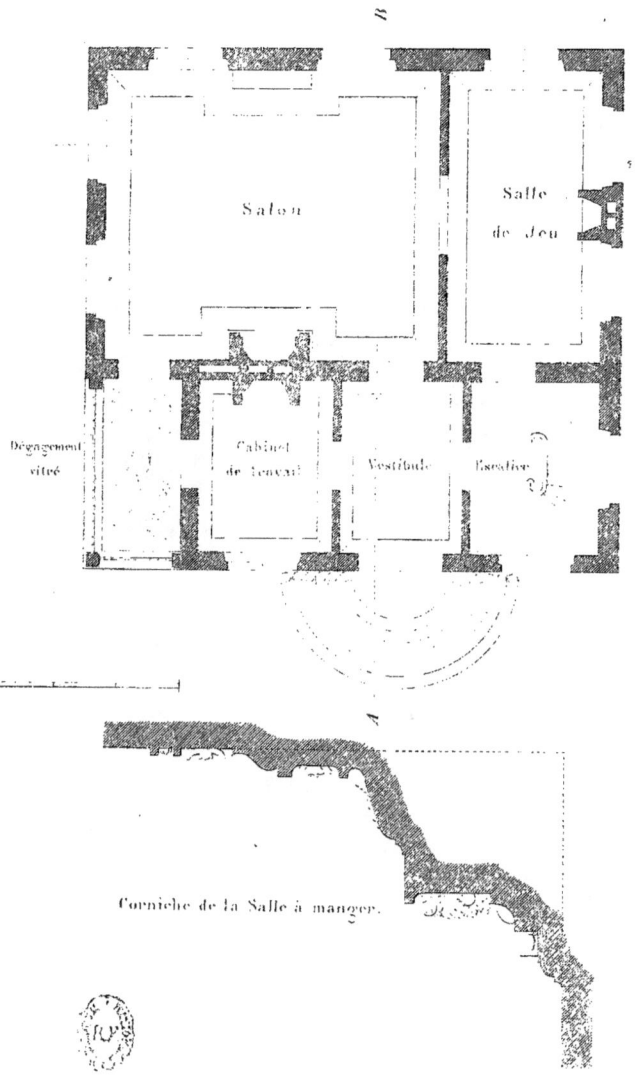

Salon

Salle de Jeu

Dégagement vitré

Cabinet de travail

Vestibule

Escalier

Corniche de la Salle à manger.

Voir la Pl. 42 pour la Façade et la Coupe.

Martin sc.

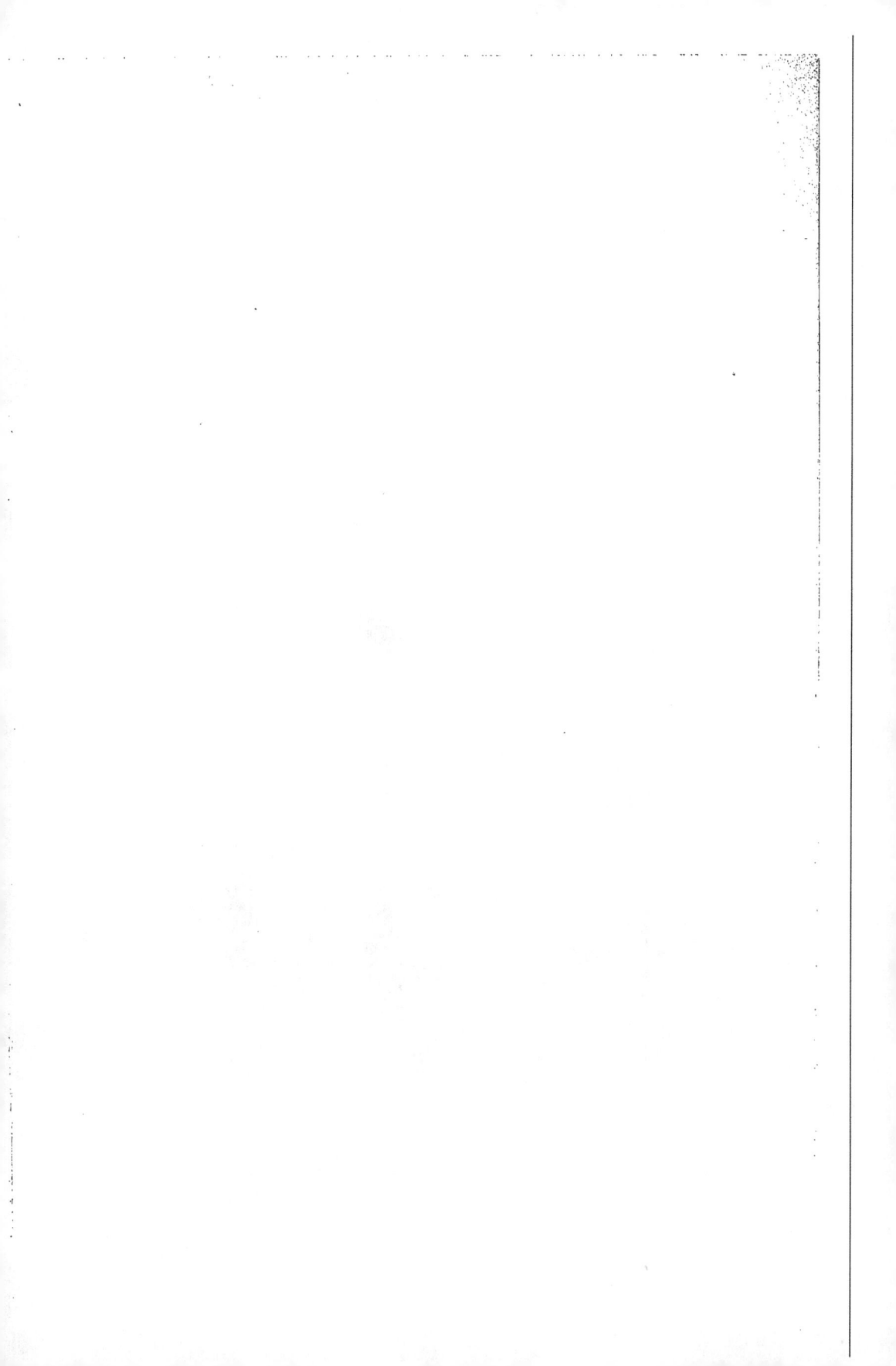

MAISON DE CAMPAGNE, GENRE SUISSE.

La Construction moderne.

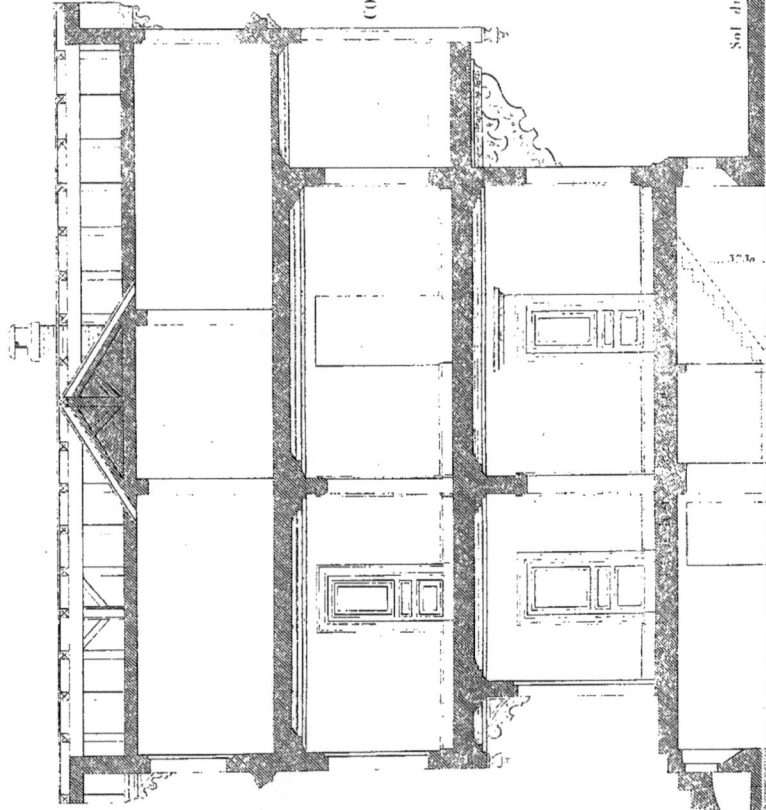

COUPE SUR LA LIGNE AB.

Sol du Jardin

Sol du Jardin

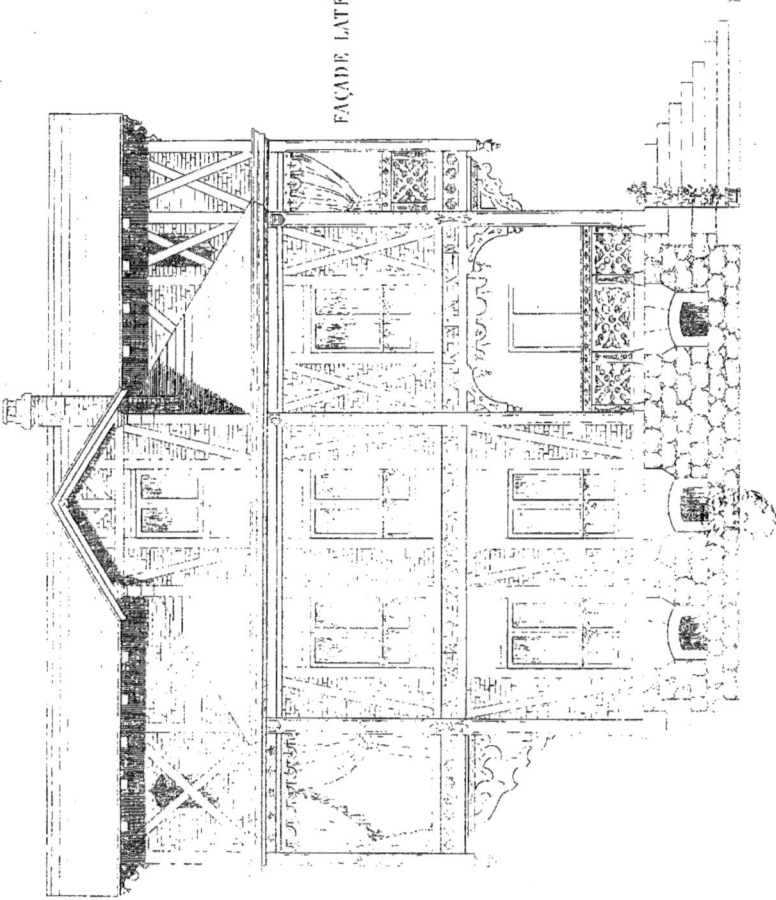

FAÇADE LATÉRALE.

Pl. 42.

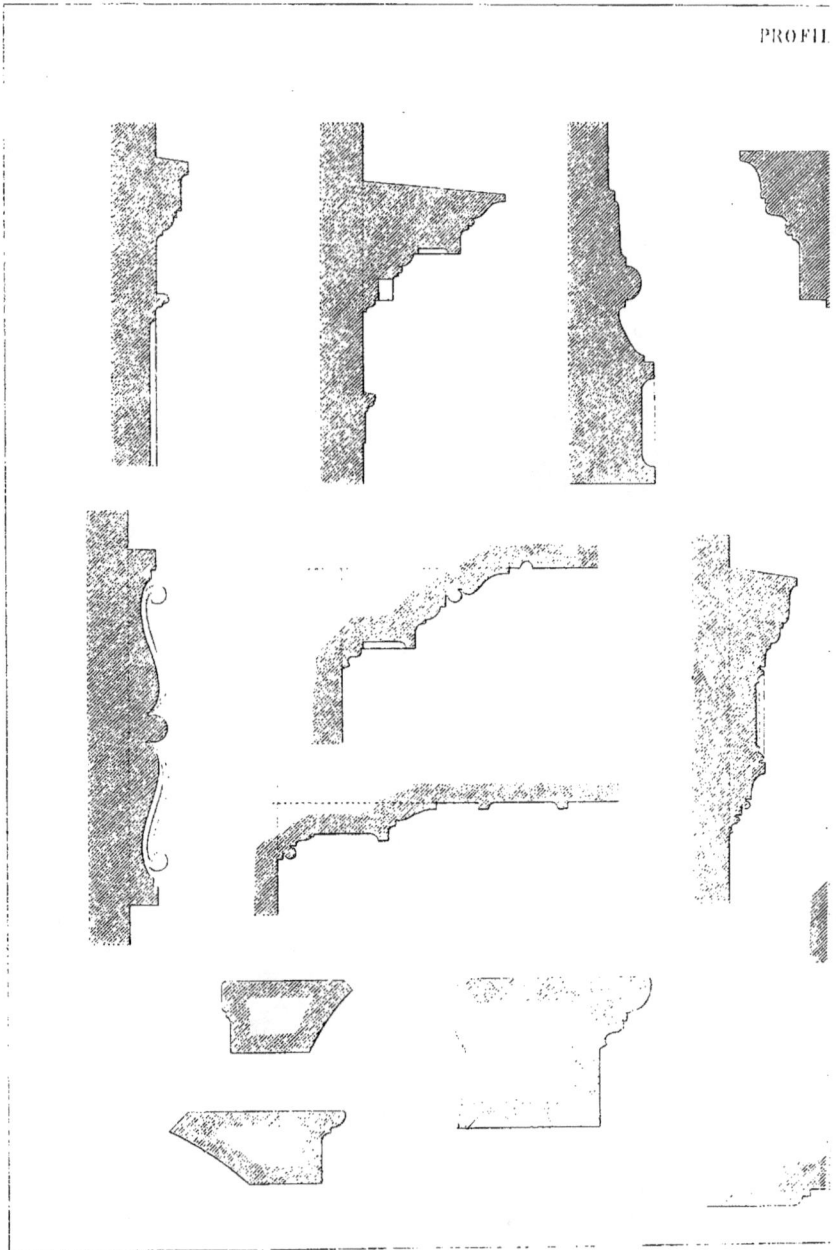

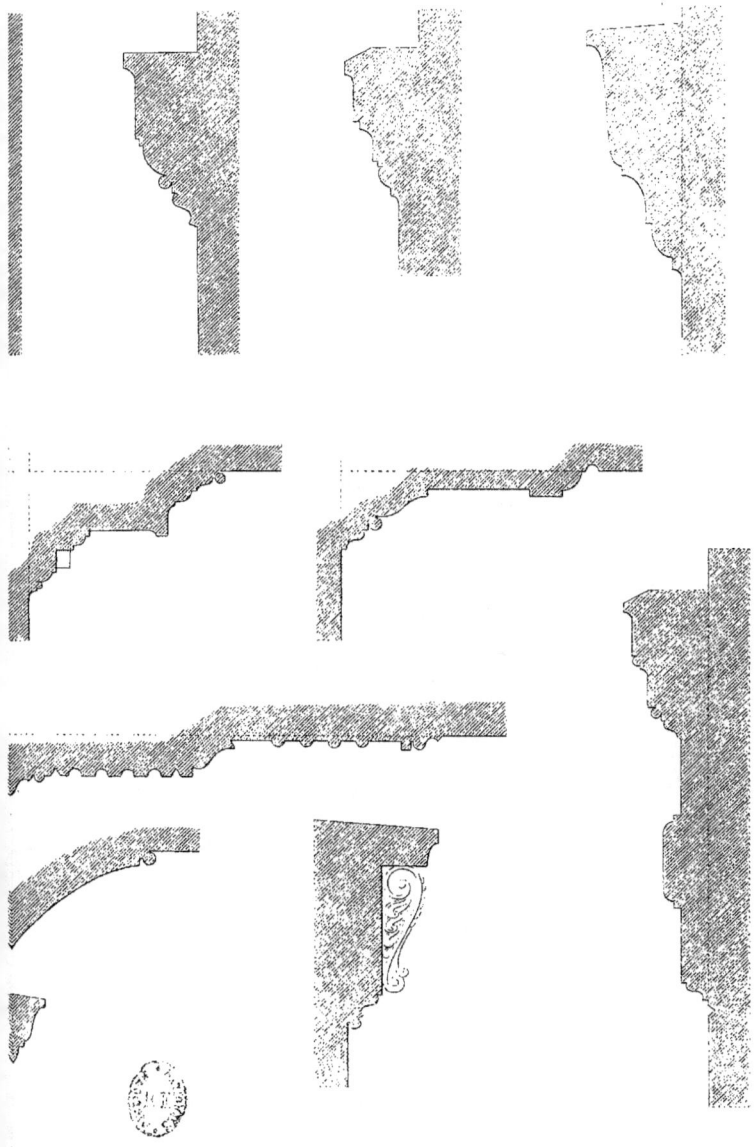

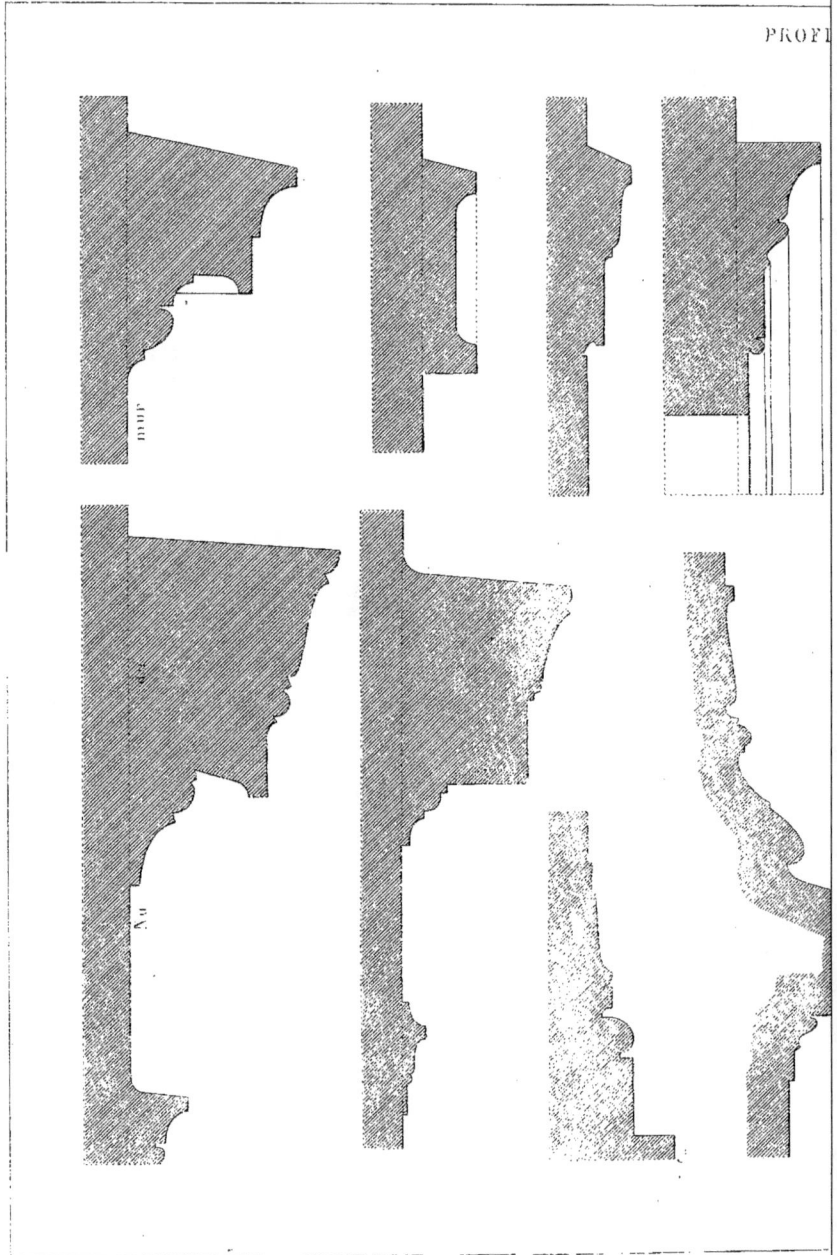

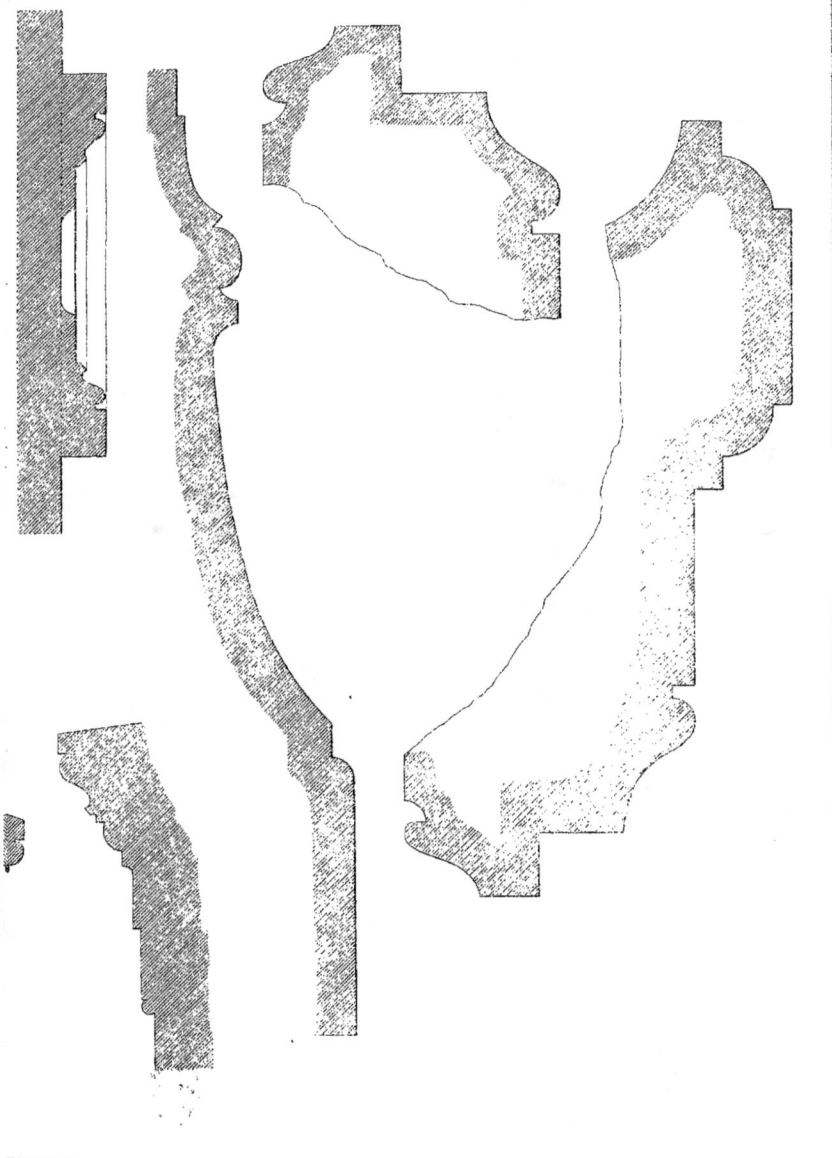

www.ingramcontent.com/pod-product-compliance
Lightning Source LLC
Chambersburg PA
CBHW060542210326
41519CB00014B/3317